작은 수학자의 생각실험

작은 수학자의 생각실험

1판 1쇄 펴냄 2015년 1월 5일
1판 9쇄 펴냄 2022년 11월 25일

지은이 고의관

주간 김현숙 | **편집** 김주희, 이나연
디자인 이현정, 전미혜
영업·제작 백국현 | **관리** 오유나

펴낸곳 궁리출판 | **펴낸이** 이갑수

등록 1999년 3월 29일 제300-2004-162호
주소 10881 경기도 파주시 회동길 325-12
전화 031-955-9818 | **팩스** 031-955-9848
홈페이지 www.kungree.com | **전자우편** kungree@kungree.com
페이스북 /kungreepress | **트위터** @kungreepress
인스타그램 /kungree_press

ISBN 978-89-5820-284-4 03410

책값은 뒤표지에 있습니다.
파본은 구입하신 서점에서 바꾸어 드립니다.

작은 수학자의 생각실험

외우지 않고 이해하는
미분·적분의 기본 원리

고의관 지음

궁리
KungRee

수학과 잘 사귀고 싶다면, 생각의 근육을 키워라

"어? 이 문제 이렇게 푸는 것이었어? 에이, 내가 아는 방법으로 충분히 풀 수 있는 문제였잖아."

수학시험을 치르고 나서 이런 푸념을 늘어놓았던 경험은 누구에게나 있습니다. 그때를 생각하면 안타까움이 가득 배어나올 것입니다. 왜 우리는 알고 있는 수학 지식을 제때 사용하지 못하고 뒤늦게 아쉬워하는 걸까요? 그것은 바로 지식들의 회로망이 머릿속에 구성되어 있지 못하기 때문입니다.

하나의 수학이론이 만들어지기까지에는 많은 시행착오가 있습니다. 그러나 책이나 학교에서 배우는 것은 깔끔하게 정리된 공식 한 줄이거나 정형화된 풀이법인 경우가 많습니다. 방법이 잘못되어 전혀 엉뚱한 길로 접어들거나 혹은 훨씬 길고 복잡한 방법으로 해답을 구할 수도 있습니다. 이것이 잘못된 것일까요? 오히려 **실패를 반복하며 다양한 시도를 하는 과정에서 배우는 것이 훨씬 많습니다.** 자신이 습득한 정보들을 끄집어내어 창의적인 생각을 발현할 수 있는 길도 이 과정에서 생깁니다. 수학적 지식들이 서로 촘촘하게 그물망처럼 연결된 회로망을 이루게 되면, 문제를 접할 때 자신이 가진 정보를 충분히 활용할 수 있을뿐더러 깊은 사고를 할 수 있는 힘이 생기는 것입니다. 그것이 바로 '지혜'이지요.

하지만 현실은 어떠한가요? 속도와 경쟁을 강요하는 사회분위기와 맞물려 조기교육 열풍, 인터넷 등으로 정보를 쉽게 얻게 되면서 학생들은 자신의 생각을 가지지 못한 채 전혀 의미도 모르고 그래서 사용할 줄도 모르는 지식만 마구 머릿속에 집어넣고 있습니다. 왜 이렇게 푸는 것이 가장 합당한지에 대해서 고민하는 시간 없이 공식만 외우기 바쁘다보니 정작 필요할 때 길이 막혀 아는 지식도 사용할 줄 모르는 것입니다. 그것은 진짜 아는 것이 아니죠.

이 책은 이런 문제를 안고 있는 많은 분들을 위한 것입니다. 수학문제를 보고 아무런 생각이 나지 않는 분, 정형화된 틀 속에서 공부하여 수학이 딱딱하다고 느끼는 분들에게 수학의 진정한 묘미를 전하고 싶은 마음에서 쓰인 이 책은 **수학적 상상력이 어떻게 탄생하는지** 그 과정에 초점을 두고 있습니다. 이 여정에 델타라는 가상의 주인공이 여러분과 함께할 겁니다. 책은 달과 지구의 충돌시간을 구한다는 하나의 문제를 해결하기 위해 델타가 다양한 사고실험을 수행하는 과정을 담고 있습니다. 주인공은 참신한 발상을 도출하기까지 때로 잘못된 판단도 하고, 왜 그런 실수를 했는지 분석하여 새로운 전략을 세우기도 합니다. 누구나 알고 있는 평범한 사실을 가지고서 지혜를 발휘하여 문제를 해결해가는 주인공의 모습은 많은 사람들에게 적잖은 인상을 남길 것입니다.

이 글을 쓰는 저 역시 '델타'와 같았던 시절이 있었습니다. 고교 초기 시절, 저는 배운 내용을 활용한 수학문제도 거의 풀지 못하던 학생이었습니다. 하지만 스스로의 힘으로 문제를 해결하려고 끙끙대는 학생이긴 하였죠. 오래 걸리더라도 결국엔 문제는 풀리곤 했는데 그때의 성취감과 희열은 엄청났습니다. 때로는 해결하는 데 하루, 이틀 이상이 걸리는 문제도 있었지만, 시간이 오래 걸릴수록 찾아오는 기쁨은 더했죠. 그래서 게임을 하듯 더욱 어려운 문제를 찾아 몇 날 며칠을 매달렸습니다. 깊이 사고하며 하나씩 하나씩 문제를 해결해가는 이때의 생각 훈련으로 지식을 활용하는 능력도 커졌다고 생각합니다. 여러 지식들이 연관관계를 구축하여 머릿속에 회로망으로 연결된 덕분인지, 그 이후에는 새로운 문제를 접해도 습득된 지식으로 충분히 해결이 가능했고 상당한 수학 실력을 갖추게 되었습니다. 이것이 바로, 수학을 잘하는 힘이 생각하는 습관에서 나온다고 믿게 된 제가 '델타'의 생각 속으로 여러분을 초대하는 이유입니다.

이 책은 크게 본문과 박스로 이루어져 있습니다. 본문 2장에서 5장까지는 델타의 머릿속으로 들어가 **생각을 펼쳐나가는 과정**을 쫓아가봅니다. 델타의 생각을 따라가다보면, 수학적 사고는 어떻게 이루어지는지, 참신한 발상은 어떻게 도출되는지, 더불어 미분, 적분, 삼각함수가 왜 필요하며 무엇을 위한 수학도구인지 자연스럽게 익히게 될 것입니다.

본문에 구성된 박스는 델타가 문제를 해결하는 과정에서 얻게 된 생각의 산물을 **수학적 언어로 표현**해놓은 것입니다. 사실 수학의 여러 공식이라는 것은 추상적인 생각을 기호로 표현한 것에 불과합니다. 많은 사람들이 이러한 기호에 겁먹고 수학을 어려워하는데, 수학 기호에 어떤 '생각'이 내포되어 있는지를 이해한다면 수학을 보는 눈이 달라질 것입니다. 수학 기호와 공식이 지닌 간결함, 함축성을 통해 수학이라는 언어의 아름다움을 전달하는 것도 이 책의 큰 목적입니다.

수학자 칸토어는 '수학의 본질은 자유에 있다'고 했습니다. 자유로운 상상을 하는 과정에서 하나의 수학개념이 탄생하고, 거기에서 창의적인 사고력도 나오는 법입니다. 그래서 이 책은 가볍게 읽기를 원하지 않습니다. 독자 여러분이 델타가 되었다는 감정이입 속에서 그의 상상과 생각실험에 함께할 때 많은 것을 배울 수 있으리라 생각합니다. 이 책과 더불어 난제를 해결했을 때의 감동과 새로운 것을 알았을 때의 경이로움을 주인공과 같이 느껴보면서, 수학적 사고력의 회로도를 천천히 구성해보시기를 바랍니다.

차례

+ **3장** +

자동차 속도측정기에 숨어 있는 미분의 원리

+ **4장** +

그림으로 이해하는 삼각함수의 원리

+ 5장 +

미분이 보이는 적분의 원리

+ 6장 +

델타의 생각실험, 마침표를 찍다!?

난해한 수학문제를 접했을 때, 해결방법이 전혀 떠오르지 않는다면 어떻게 해야 할까? 해결전략 중 하나는 '단순화'다. 먼저, 주어진 문제를 단순하게 바꿔 자신이 이해가 가능한 영역으로 끌어오라. 그런 다음 단순화한 문제의 해법을 원래 문제에 적용하여 해결한다.

1장

하늘에서 수학문제가 하나 떨어졌다!

달과 지구의 충돌시간을 구하는 얼토당토 않는 문제 속에서 배우게 될 미분과 적분의 기본 원리. 그 이야기를 이끌어갈 주인공이 박사와 처음 만난다.

01
한 통의 전화

"따르릉, 따르릉"

오후의 나른함이 감도는 연구실에서 전화벨 소리가 요란하게 정적을 깨뜨리고 울려 퍼졌다. 박사는 점심 식사 후 스르르 밀려오던 졸음이 일순간에 달아나버렸다.

"여보세요?"

"박사님, 저 델타입니다."

델타? 이 단어는 그리스 문자의 하나인데 이게 이름이라고? 박사는 의아하게 생각했다.

"학생 같은데 누구지?"

"저, 델타라고요. 몇 달 전에 과학관에서 박사님이 저에게 문제를 하나 내주시면서 직접 델타라는 이름을 지어주셨잖아요. 그 당시 중3이었던 학생입니다."

순간 박사는 올 초 겨울에 과학관에서 행했던 강연의 일이 주마등처럼 스쳐지나갔다.

"아, 그래. 잘 지내고 있니?"

"네, 박사님. 저 내일 오후에 박사님을 뵙고 싶은데요?"

"내일?"

박사는 델타라고 자신을 소개하는 학생이 찾아오겠다는 이유를 생각해낼 수 있었다. 그때 그는 직접 수학문제를 제시하며 해결하면 찾아오라고 말했었다. 꽤 어려운 문제라 큰 기대를 하지 않았는데 전화한 것을 보면 답을 구했다는 의미인가?

"가만 내일 일정이 어떻게 되더라. 어, 특별한 일 없네. 그래, 내일 찾아와도 될 것 같네. 내가 있는 곳은 알고 있나?"

"그럼요, 그때 명함을 주셨잖아요. 그러면 내일 오후에 방문하겠습니다. 안녕히 계세요."

전화를 끊고 난 박사는 마음이 급해졌다. 델타와 만나서 무슨 이야기를 할 것이며, 또 어떻게 풀어나가야 하나? 혹시나 문제를 풀지 못했다면 문전박대를 해야 하나, 자상하게 설명을 해야 하나? 이런저런 생각을 하다 보니 오후의 나른함에 밀려오던 졸음은 어느새 사라지고 말았다.

도대체 그 **학생과 박사는 어떤 관계이며 문제란 또 무엇일까?**

02
강연장에서

몇 개월 전, 1월의 어느 토요일. 과학관은 많은 사람들로 붐비고 있었다. 박사는 그날 수학 강연이 예정되어 있어 발표할 자료를 가지고 과학관의 한 강연장을 찾았다.

수많은 학생들과 같이 따라온 학부모들로 강연장 안은 시끌벅적했다. 잠시 분위기에 적응하느라 어리둥절해 있을 때 사회자로 보이는 한 사람이 그에게 다가와 물었다.

"혹시 오늘 강연을 맡아주실 박사님 되십니까?"

"네, 그렇습니다."

"오시느라 고생하셨습니다. 주변이 좀 시끄럽죠? 제가 정리하고 박사님을 소개해드리겠습니다. 잠시만 기다려주세요."

약간의 시간이 흐르고 사회자가 학생들을 집중시킨 후 박사를 소개하였다. 강단에 선 박사는 청중에게 인사하고 강연을 시작했다. 주제는 수학을 공부하는 방법에 관한 것이었다. 박사는 지식보다는 그동안 얻은 경험을 토대로 이야기를 풀어나갔다. 절대적이라 할 수는 없지만 그는 늘 학생들에게 수학문제를 해결하기 위해서는 **"주어진 문제를 단순화하고 거기에서 유추하여 해결"**하는 것이 가장 좋은 접근법이라고 설파해왔다. 물론 오늘처럼 한 시간 정도의 강연으로는 자신이 의도하는 바를 충분히 전달하기가 불가능하다는 것은 박사 자신도 알고 있었다.

어느덧 주어진 시간이 끝나가자 늘 해왔던 식으로 강연을 듣고 있는 학생들에게 문제를 하나 제시했다.

"자, 이제 마칠 시간이 되었지만 제가 문제를 하나 내드리겠습니다. 30분의 시간 동안 제가 저쪽 커피숍에서 쉬고 있을 테니까 문제를 푸신 분은 저에게 찾아와 얘기해주세요."

한 변의 길이가 1인 단위 정육면체를 붙여서 만든 가로, 세로, 높이가 각각 4, 5, 6인 직육면체에 대하여, 이 속에 있는 직육면체의 개수를 구하여라.(정육면체도 포함)

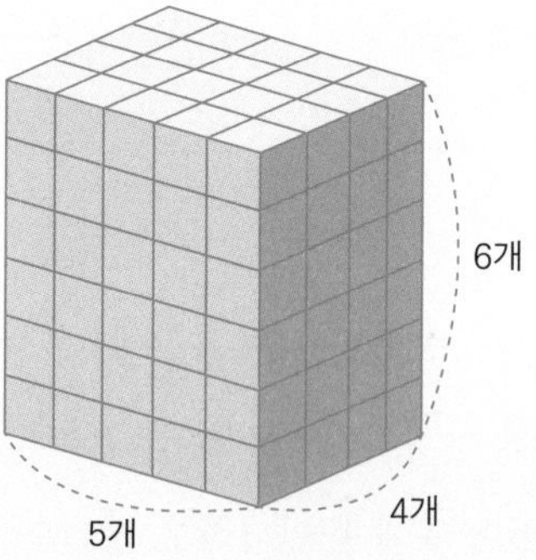

그림 1.2.1

그리 어렵지 않게 해결할 문제지만 박사가 지금껏 경험한 바로는 정확한 해법을 가지고 오는 경우가 드물었다. 오히려 강연으로 지친 몸을 쉬고자 하는 의도가 더 강했다. 그래도 누군가가 참신한 방법으로 해결하여 자신을 찾아올 수 있다는 기대감은 항상 가지고 있었다. 박사는 그런 학생을 발굴하여 나중에 자신과 같이 수학을 연구하는 계기가 되기를 바랐다.

지식이 많다고 수학의 난제를 척척 해결할 수는 없다. 오히려 지식은 부족해도 간단한 발상으로 해결할 수 있으며, 그러한 것은 나이가 어릴수록 더 뛰어나다는 점을 박사는 잘 알고 있다. 그래서 여러 곳에서 강연도 하고 학회도 다니며 가능성 있는 학생을 찾고 있는 것이다.

여느 때처럼 학생 대부분은 강의가 끝나자마자 박사가 낸 문제에 대해 완전히 잊어버리고 강연장을 빠져나갔다. 다행히 이날은 두 여학생이 박사에게 다가왔다.

"저, 박사님. 답이 1000개 아닌가요?"

"아, 나도 계산은 해보지 않아서 정확한 답을 모르겠네. 왜 그렇게 나왔지?"

"그냥 일일이 세보니 대충 그 정도일 것 같아서요."

박사는 아무런 생각 없이 답만 맞으면 된다고 여기는 학생들이 의외로 상당히 많다는 것을 알고 놀란 적이 여러 번 있었다. 그래서인지 이제는 덤덤하게 반응한다.

"글쎄, 그것이 답일 수는 있지만 오히려 그 답을 어떻게 얻게 되었는지의 과정과 이유가 더 중요하지 않겠어? 그리고 설혹 그 답이 맞더라도 가로의 길이가 4가 아닌 10이라고 하면 그때도 또 일일이 세어가면서 답을 구해야겠니? 어떤 규칙을 찾아서 해결하는 것이 좋지 않을까? 그래야 숫자가 달라져도 곧바로 해결할 수 있잖아."

약간 핀잔을 주긴 했지만 마음의 상처를 주지 않기 위해 조심스럽게 두 학생에게 좀 더 생각해보라고 충고하고 그의 이메일 주소를 알려주었다. 도저히 답을 모르겠거나 의문점이 생기면 물어보라고 하면서.

남학생 한 명이 더 찾아왔지만 별반 다르지 않았다. 시계를 쳐다보니 20분 정도가 지나고 있었다. 그때 한 학생이 그를 찾아왔다.

"박사님, 아까 내주신 문제에 대한 답이 3150개 아닙니까?"

사실 박사도 계산은 해보지 않은 터라 답은 알고 있지 않았다. 이 학생 역시 주먹구구식으로 답을 구해서 온 학생으로 여겨져 시큰둥하게 말을 했다.

"그래? 어떻게 해서 구했지?"

"음……. 그게요, 직육면체의 개수를 일일이 세는 것은 어리석은 일이잖아요. 그러면 이 문제를 어떻게 처리해야 할 것인가, 규칙을 찾아야겠구나 생각했지만 찾기가 어려웠어요. 그래서 박사님이 강연에서 설명해주셨던 대로 문제를 단순화해보기로 하고 가로, 세로, 높이를 모두 2라고 생각했더니 그 경우는 일일이 세기가 편했습니다. 길이가 모두 3인 경우도 마찬가지로 계산을 해보다가 어떤 규칙이 있음을 직감하고 이 문제를 다음과 같이 바꿔서 생각했습니다."

> 한 변의 길이가 1인 선분을 5개 붙여 만든 길이 5인 직선에서 선분의 길이가 1, 2, 3, 4, 5인 선분의 개수의 합을 구하여라.

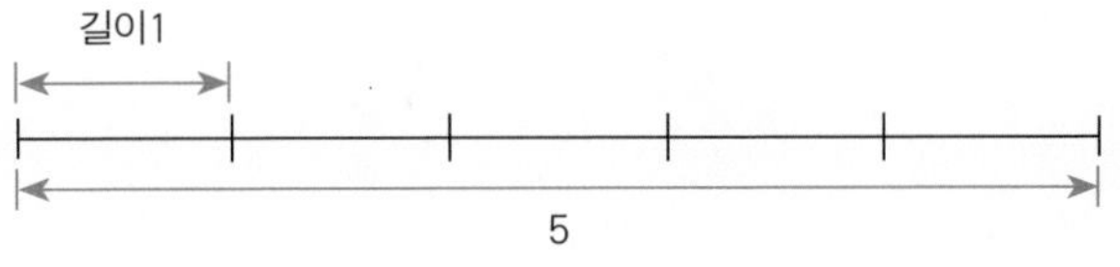

그림 1.2.2

찬찬히 설명을 듣고 있던 박사는 매우 놀라는 표정을 짓는다. 논리정연하게 풀어나가는 재능이 상당했던 것이다. 답의 정확성을 떠나서 생각을 전개해가는 방식이 보통을 넘어섰다. 박사의 마음을 아는지 모르는지 학생은 계속 문제의 해법과정을 설명해갔다.

"그랬더니 길이가 1인 선분은 5개, 2인 선분은 4개, 3은 3개, 4는 2개, 5는 1개임을 알아냈습니다. 결과적으로 길이 5인 직선에 숨어 있는 선분의 개수는 1에서부터 5까지의 합인 15였고, 같은 방법으로 하면 길이가 10인 직선의 경우는 1부터 10까지의 합이 선분의 개수가 된다는 것을 알아낼 수 있었습니다.

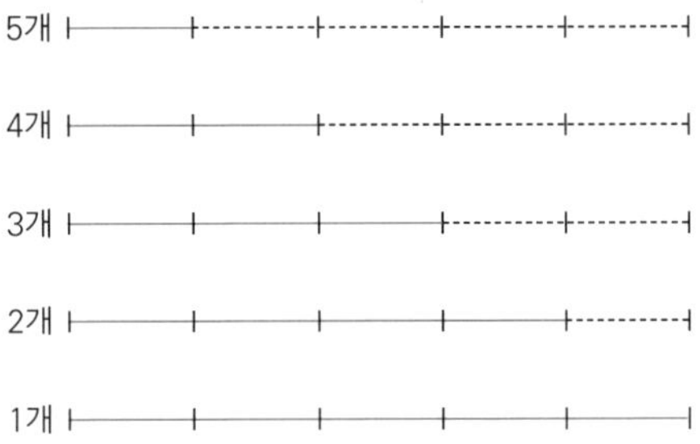

그림 1.2.3

이번에는 이 문제를 조금 더 확장해서 다음과 같이 생각했습니다."

한 변의 길이가 1인 정사각형을 붙여 만든 가로, 세로가 각각 4, 5인 직사각형에 대하여 이 속에 숨어 있는 직사각형의 개수를 구하여라.

이미 박사는 학생이 어떤 식으로 설명을 해나갈지를 알고 있었다. 그러나 학생의 얘기를 끊고 싶지 않았다. 설명하는 모습이 굉장히 진지하고 확신에 차 있어 가만히 지켜볼 따름이었다.

"이 문제는 1차원의 선분의 문제가 2차원의 개념으로 넓혀진 것이라 할 수 있는데, 이것은 앞서의 선분 문제와 연관지어 생각할 수 있었습니다. 가로의 길이는 4이므로 1부터 4까지의 합에 의해 10개의 선분이 있고, 세로는 길이가 5이므로 1에서 5까지의 합에 의해 15개의 선분이 존재하게 됩니다.

이제 그림 1.2.4처럼 가로와 세로에서 선분 하나씩을 취하면 하나의 직

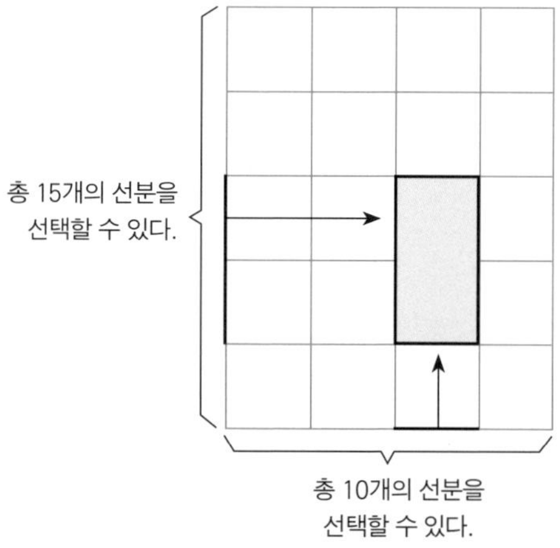

그림 1.2.4

사각형이 만들어지게 되므로, 가로 방향에서 선택할 수 있는 선분이 10개, 세로는 15개이므로 이 두 수를 곱한 150(=10×15)개가 답이 될 것입니다.

이 규칙을 박사님이 내주신 원래의 문제에 적용시켰고, 가로의 길이가 4이므로 1부터 4까지의 합 10, 세로는 5이므로 1부터 5까지의 합 15, 높이는 6이므로 1에서 6까지의 합 21이 나와서 이 세 수를 곱한 것이 답이 됨을 알았습니다."

$$10 \times 15 \times 21 = 3150$$

"그래, 아주 훌륭했어. 혹시 이 문제를 이미 알고 있었나?"

"아니요. 처음 접하는 문제였습니다."

"그런데 어떻게 그런 식으로 생각을 발전시킬 수 있었지?"

"그게…… 생각하다보니 떠오른 것 같은데요."

"내가 원했던 답을 자네가 얘기해줬어. 답만 맞히는 것이 아니라 어떻게 생각을 유추할 수 있느냐를 보는 문제였거든. 몇 학년이지?"

"예, 중3입니다. 이제 곧 고등학생이 됩니다."

두 사람은 이후 수학에 관한 이야기를 주고받았고, 박사는 이 학생이 체계적인 공부는 아직 이뤄지지 않았지만 생각을 펼치는 힘이 굉장히 탁월함을 재차 느꼈다. 분명 자신이 모르는 것을 스스로 찾아서 익히고 그렇게 얻어낸 지식을 활용할 줄 아는 능력이 있었다.

갑자기 이 학생에게 오랜 시간에 걸쳐 풀어야 해결할 수 있는 문제를 하나 던져주고 싶은 충동이 일었다. 박사는 몇 년 전 한 친구로부터 희한한 문제를 소개받은 적이 있다. 그의 능력으로는 크게 어려운 문제는 아니었지만 꽤나 까다로운 문제임은 틀림없었다. 그 문제를 똑똑하다고는 하지만 이제 고1을 바라보는 중3에게 내기에는 상당히 버거울 수 있다고 여겼지만 풀지는 못하더라도 꽤나 많은 것을 스스로 알아낼 수 있을 것 같았다.

03

황당한 문제

박사는 근처 일반인이 이용할 수 있는 컴퓨터 앞에 학생을 데리고 가서 유튜브에 있는 동영상을 하나 보여줬다. 제목이 "소행성 지구 충돌 시뮬레이션"이었다. 영상을 본 학생은 놀라움을 감추지 못했다.

"이럴 수가? 진짜로 소행성이 충돌하면 저렇게 돼요? 반경 500km이니 크긴 크지만 그렇다고 지구와 부딪히면 저 영상처럼 지구 전체가 완전히 불바다가 될 수 있나요? 충돌시의 충격보다 그 후에 발생하는 지각 해일이 지구에 치명적인 영향을 끼치고 있어요. 암석증기■가 7000km라 하니 상상이 되질 않아요. 바닷물도 모두 증발시킬 정도이니."

■ 엄청난 열로 암석이 녹아 만들어진 것

"그래, 하지만 어차피 일어날 수 없는 일이니 신경 쓸 것은 없어. 게다가 저것은 시뮬레이션이니까 실제로 저럴지 아닐지도 모르고."

"그런데 왜 저에게 이 동영상을 보여주셨죠?"

"너에게 공포심을 주기 위해서가 아니라, 단지 문제를 하나 제시해보

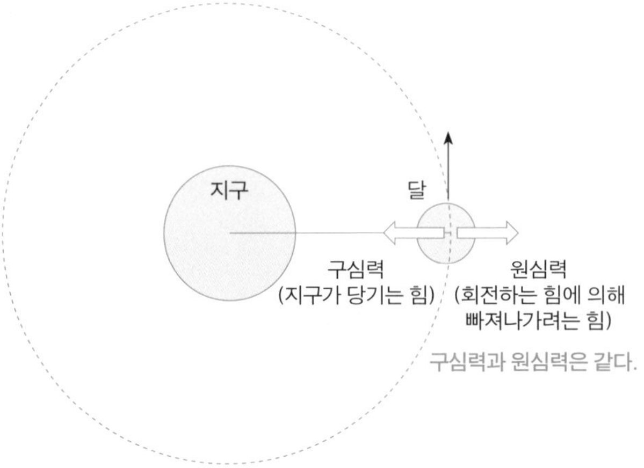

그림 1.3.1

려고 말이야. 만약 지구 주위를 공전하는 달이 갑자기 추락하면 어떻게 될까? 사실 그림 1.3.1에서처럼 달이 지구 주위를 회전하면서 멀어지려는 원심력과 지구가 당기는 구심력이 서로 힘의 균형을 이루고 있기 때문에 절대 그럴 일은 생길 수 없지만, 만약 달이 어느 날 갑자기 멈춰버렸다고 가정해보자. 그러면 지구가 당기는 힘만 남으니 달은 지구로 떨어지기 시작할 거야. 이때 충돌로 인해 생기는 아까의 시뮬레이션 같은 것은 잊어버리고 오직 그냥 호기심 차원에서 얘기하는데, 그러면 **달이 지구와 충돌하는 데 얼마나 걸릴까?** 하루? 열흘? 아니면 1년?"

달이 떨어지다니, 그리고 지구와 충돌하는 데 걸리는 시간을 구하라니, 이 무슨 엉뚱한 얘기인가?

"너무도 황당한데요? 계산이 가능하긴 한 것인가요?"

"그렇지. 하긴 너에게 이런 문제를 내는 것은 좀 그렇네. 그냥 취소할게."

순간 학생은 자존심이 상했는지 얼굴을 약간 찡그린다. 그러고는 곧바로 뭔가를 골똘히 생각한다.

"박사님, 만약 제가 이 문제에 도전하려면 무엇이 필요하고 얼마나 걸릴 것 같습니까? 현재로서는 전혀 감을 잡을 수가 없거든요."

"아니야, 굳이 할 필요 없어. 내가 괜스레 말을 꺼낸 듯해."

"아니에요. 제가 한번 해볼게요. 당장은 아니더라도 노력하다보면 풀 수 있을지 모르잖아요."

잠시 생각에 잠기던 박사는 할 수 없다는 듯이 말을 꺼냈다.

"좋아. 그러면 몇 가지 힌트를 줄게. 그리고 이것은 하루 만에 풀 문제가 아니야. 꽤 시간이 걸릴 수 있어. 아마 달이 지구와 충돌하는 데 걸리는 시간보다 훨씬 오래 걸릴 거야. 그 전에 너에게 닉네임을 하나 붙여줄게, '**델타**'라고. 왜 내가 너에게 델타라는 이름을 지어줬는지를 알아내도 대단한 것이야. 우리 둘 사이의 코드명이라고 해도 괜찮겠네. 원래 이름은 있겠지만 이제부터 나는 자네를 델타라고 부를게."

"예, 알겠습니다. 박사님."

"델타군, 방금 직육면체 문제를 풀듯 자신의 생각을 충분히 펼치도록 하게. 이건 물리학의 운동역학에서 실마리를 찾아야 하는 문제라네. 그러니까 힘의 관계에 관한 것이지. 덧붙여 삼각함수와 미분과 적분의 기본 지식도 필요해. 그리고 혼자 힘으로 해결하려고만 들지 말게. 이미 이뤄진 업적을 바탕으로 차근차근 전진해야지, 모든 의문점을 스스로 풀려고 하면 끝이 없어. 자네보다 더 뛰어난 수학자들이 얼마나 많았겠나? 그들이 수천 년간 이룬 업적을 어떻게 혼자서 알아낼 수 있겠어?"

"명심할게요."

"해결했거나 혹은 능력의 한계에 부딪힐 때 그때 나를 찾아오도록 해.

여기 명함이 있으니까. 행운을 빌게, 델타군."

"예, 그럼 꼭 해결해서 연락드리겠습니다."

박사는 어쩌면 연락이 안 올 수도 있고 오더라도 몇 년 후가 될 수 있겠구나 생각하며 자리에서 일어났다. 하지만 왠지 이 학생은 반드시 자신을 찾아올 것만 같았다.

* * *

이 주제를 접하는 독자 분들은 황당하기 그지없을 것이다. 달과 지구의 충돌 그 자체도 있을 수 없는데 충돌시간을 구하라니……. 직감적으로 무지 어려운 문제인 것 같다. 이 책은 지구와 달의 충돌이라는 위험천만한 상상으로 생긴 충돌시간의 의문점을 주인공 델타가 **자유로운 상상과 유추를 통해 하나하나 해결해나가면서 미분과 적분의 이론을 깨치는 과정**을 담고 있다.

지수법칙

델타의 생각 속으로 들어가기에 앞서, '지수법칙'을 소개한다. 본문에서는 주인공 델타가 알고 있다는 가정 하에 이야기가 펼쳐지지만, 지수법칙은 이 책의 내용 전개에 필수적인 지식이므로 반드시 알고 넘어가야 한다.

지수법칙은 거창한 수학 지식이 아니라, 거듭제곱이라는 번거로운 수의 계산을 아주 편리하게 표현하는 표기법에 불과하다. 거듭제곱이란 의미 그대로 같은 수를 거듭해 곱한다는 것이다. 가령 $2\times2\times2\times2\times2\times2\times2$와 같은 경우다. 하지만 2를 일곱 번 곱한 것을 매번 이처럼 적는 것은 매우 불편하므로 이를 2^7과 같이 간단하게 처리한다. 이렇게 정의하면서 파생되는 몇 가지 법칙이 존재하는데 대표적인 것을 다음의 표에 정리하였다.

지수의 법칙	예
(1) $x^m \times x^n = x^{m+n}$	$2^5 \times 2^3 = (2\times2\times2\times2\times2)\times(2\times2\times2) = 2^{5+3} = 2^8$
(2) $x^m \div x^n = x^{m-n}$	$2^5 \div 2^3 = (2\times2\times2\times2\times2)\div(2\times2\times2) = 2^{5-3} = 2^2$
(3) $(x^m)^n = x^{mn}$	$(2^3)^3 = (2\times2\times2)\times(2\times2\times2)\times(2\times2\times2) = 2^{3\times3} = 2^9$
(4) $x^0 = 1$	$2^3 \div 2^3 = 2^{3-3} = 2^0 = 1$(따라서 모든 수의 0승은 1이다)
(5) $x^{-n} = \frac{1}{x^n}$	$2^3 \div 2^5 = \frac{2\times2\times2}{2\times2\times2\times2\times2} \longrightarrow 2^{3-5} = 2^{-2} = \frac{1}{2^2}$
(6) $x^{\frac{m}{n}}$은 x^m의 n제곱근이다	아래 *의 설명을 참조할 것
(7) $(x \times y)^m = x^m \times y^m$	$(2\times3)^4 = (2\times3)\times(2\times3)\times(2\times3)\times(2\times3) = 2^4 \times 3^4$

* 2의 3제곱근이란 같은 수를 세 번 곱해 2가 나오게 하는 수를 뜻하며 그 수를 $2^{\frac{1}{3}}$으로 표시한다. $2^{\frac{1}{3}}$은 근사적으로 1.2599로 이어지는 무리수이다.

$$
\begin{aligned}
2 &= 2^{\frac{1}{3}} \times 2^{\frac{1}{3}} \times 2^{\frac{1}{3}} \\
&= (1.2599\cdots) \times (1.2599\cdots) \times (1.2599\cdots)
\end{aligned}
$$

뉴턴은 역학 및 우주론에 관한 연구를 집대성한 『프린키피아』(원제: 『자연철학의 수학적 원리』)를 1687년에 발표했다. 특히 그의 위대한 업적 중 하나는 고전역학의 세계를 논리적으로 체계화한 결정적인 법칙인 만유인력을 설명하는 과정에서 미분과 적분법을 발견한 일이다.

2장

수학문제, 뉴턴의 물리학을 만나다

달의 충돌시간을 계산하기 위해서는 무엇이 필요할까? 먼저 달이 떨어지는 모습을 머릿속에 그려보아라. 떨어지는 달은 자유롭게 낙하하는 것이므로 운동하는 관점에서 살펴볼 수 있겠다. 이번 장에서는 이러한 운동역학적인 관점에서 달의 낙하를 어떻게 기술할 것인지 위대한 수학자이자 물리학자인 뉴턴의 업적을 쫓아가면서 알아본다.

01
어떤 정보가 필요하지?

'쟁반같이 둥근 달'이란 말이 왜 있는지 알겠어. 이야, 정말로 동그랗다. 보름달이라 밝기도 훨씬 밝구나. 나도 참, 달빛 아래에서 웬 수학문제 생각이람. 박사님은 왜 이런 몹쓸(?) 문제를 내주신 것일까? 풀어보겠다고 큰소리쳤지만 어디서부터 시작해야 할지 막막해. 멀쩡하게 있는 달이 떨어지긴 왜 떨어져. 수십억 년 동안 지구 주위를 잘만 돌고 있고 앞으로도 그럴 텐데. 그래도 궁금하기는 하다. 뭐, 어차피 일어날 일도 아니니까. 달이 떨어진다면 얼마 후에 지구와 충돌할까? 무엇을 알아야 계산이 가능하지?

(생각을 거듭하던 델타는 드디어 문제의 해법을 위한 첫걸음을 뗄 수 있었다.)

흠……. **거리**가 제일 중요하지 않을까? 가까우면 빨리 충돌하고 멀면 시간이 더 걸릴 것이라는 점은 상식이잖아. 확실히 달과 지구 사이의 거리가 중요한 정보가 되겠어. 얼마나 되는지 인터넷에서 검색해보자.

달과 지구 사이의 거리가 약 38만 km이구나. 굉장히 먼 거리이긴 한데 얼마나 떨어져 있는지 감이 안 오네. 다른 것과 비교해볼까?

서울과 부산까지의 거리가 대략 400km이니까 380000÷400=950 …… 우와, 서울과 부산 사이의 거리보다 1000배 가까이 멀리 떨어져 있구나. 자동차로 한 시간에 100km로 쉬지 않고 달린다고 하면 3800시간이 걸리겠네. 하루가 24시간이므로 158일이 지나야 달에 도착할 수 있겠어. 엄청난 거리야. 손에 잡힐 듯 가까워 보이는 저 달이 상당히 멀리 떨어져 있구나. 그렇다면 충돌시간도 엄청 오래 걸리겠어.

거리만의 정보로 충돌시간을 계산하기에는 부족할 거야. 자동차가 한 시간에 100km를 달리는 것과 같이 거리 외에 이 달이 어느 정도의 **빠르기**로 떨어질지 알아야 해결할 수 있겠지. 같은 거리여도 빨리 달리는 것과 느리게 달리는 것은 확실히 도착하는 시간에 영향을 주니까.

그런데 달이 떨어지는 빠르기가 일정하지 않아. 분명 처음에는 정지해 있다가 시간이 지날수록 빠르게 떨어지게 될 테니까. 우리가 낮은 높이에서는 뛰어내릴 수 있지만 높은 곳에서 뛰게 되면 크게 다치는 이유를 생각해봐. 그러면 달이 지구에 도달할 때에는 상상하기 힘든 엄청난 빠르기로 부딪치겠지. 시뮬레이션에서 봤던 행성보다 크기가 더 큰 달이 충돌하는 것이니까 어쩌면 지구가 박살날 수도 있겠어.

하지만 처음에는 달이 정지해 있다가 지구에 가까워지면서 빨라지게 될 것인데 일정하게 증가하게 될지, 빨라지는 정도가 지구와 가까워지면서 더욱 커지게 될지를 알아야 문제를 해결할 수 있지 않을까? 거리와 빠르기, 이 두 가지 정보 외에 더 필요한 것은 없을 테니까.

문제를 단순하게 생각해보자. 단순한 사례이면 해결책을 쉽게 얻어낼 수 있을 거야. 해결책은 아니더라도 힌트라도 얻게 될지 모르잖아.

문제의 본질에서 벗어나지 않으면서 간단한 경우로는 무엇이 있을까? 그래, 10m의 높이에서 물체를 떨어뜨렸을 때 땅에 닿을 때까지의 시간을 구할 수 있으면, 달이 지구와 충돌하는 시간도 같은 방법으로 해결할 수 있지 않을까? 분명 처음에는 정지했다가 천천히 떨어지던 것이 서서히 속도가 빨라지면서 땅에 닿는 과정이 똑같잖아. 오, 좋았어. 갑자기 문제가 간단히 풀릴 것 같은 예감이 들어!(그림 2.1.1)

그림 2.1.1

10m의 높이에서 정지해 있다가 땅으로 떨어지는 물체의 빠르기는 0에서부터 서서히 증가할 텐데, 얼마만큼 증가할까? 해결의 첫걸음을 내딛은 것 같지만 역시 아직은 만만치가 않네. 직감적으로 서서히 빠르기가 증가하는 건 분명한데 말이야.

왜 떨어지면서 서서히 빨라질까? 이 근원적인 의문점부터 풀어야 해결의 실마리를 찾을 수 있을 것 같아.

속도의 정의

빠르기는 거리와 시간으로 판단할 수 있다. 따라서 빠르기를 표현하는 방법에도 두 가지가 있다.

① **일정한 거리를 가는 데 걸리는 시간.** 예를 들면 100m 달리기를 할 때 육상선수는 10초 안에 달리고, 일반인은 15초의 시간이 소요되었다면 당연히 선수가 훨씬 빨리 달렸음을 알 수 있다.(그림 2.1.2의 ①)

② **일정한 시간 동안 달린 거리.** 10초 동안 육상선수는 100m, 일반인은 70m를 달렸다면 그 빠르기의 차이를 쉽게 분별할 수 있다.(그림 2.1.2의 ②)

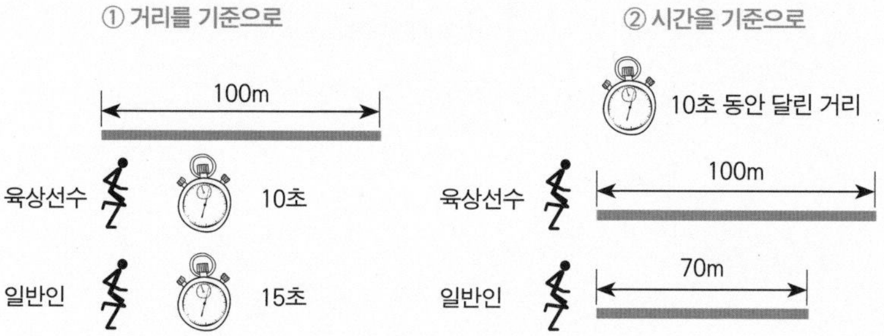

그림 2.1.2

사실 어떤 방법을 택하건 상관은 없다. ①의 방법은 거리를 기준으로, ②는 시간을 기준으로 해서 빠르기를 비교했다는 차이만 있다. 그런데 자연현상을 살펴보면 시간은 빼놓을 수 없는 정보이다. 인간의 수명도 시간에 관계되고, 우주의 나이, 음악에서의 박자 등등 길이보다는 **시간이라는 변수가 우리의 세계를 지배**하고 있다. 그런 맥락에서 빠르기도 시간을 기준으로 살피는 것이 활용 면에서 더 나을 것이다. 그래서 ②의 방법을 택하는 것이 자연스럽다. 즉, 1초 혹은 1시간이라는 특정 시간을 기준으로 그 시간 동안 움직인 거리로써 빠르기를 비교하는 것으로, 이것을 **속도(速度, velocity)**라고 하며, 단위는 거리[m]를 시간[sec, 초]으로 나눴으므로 m/sec이다.■ 속도를 기호로 v, 거리를 x, 시간을 t라 하면 다음의 수식으로 표현이 가능하다.

$$v=\frac{x}{t} \text{ 혹은 } x=vt \text{ 혹은 } t=\frac{x}{v} \qquad (2.1.1)$$

속도가 2m/sec로 항상 일정하다면 1초에 2m를 움직인다는 의미이므로 5초 동안 10m를 움직일 것이다. 이처럼 항상 일정한 속도를 유지하면서 움직이는 경우를 **등속도운동(等速度運動)**이라 한다. 等은 한문으로 '같다'라는 뜻으로 등속도란 '속도가 같다'는 의미이다.

■

속도와 속력의 의미는 같지만 속도는 방향의 개념도 포함되어 있다. 본 주제에서는 달이 지구로 떨어질 때 단지 한 방향으로 떨어지는 것만을 생각하므로 속도와 속력의 구분은 없다고 하겠다.

02

위대한 뉴턴의 유추

앞의 절 '속도의 정의' 내용에서처럼 달의 속도가 일정한 등속도운동이라고 하면 문제될 게 없겠어. 그런데 떨어지는 물체의 속도는 변한단 말이야. 10m의 높이에서 낙하하는 물체가 땅에 떨어지는 순간까지도 속도가 시시각각 변할 것이거든. 속도가 왜 바뀌는지 알아야 이 문제를 해결할 수 있어.

(하지만 시간이 흘러도 문제의 실마리를 잡기 어려웠다.)

이유가 뭘까? 쉽게 해결되리라 기대하지는 않았지만 답답하네. 상식적으로 생각하면 높은 곳에서 떨어뜨릴수록 땅에 도달했을 때의 속도가 커지는 것은 당연해.

그래, 이 정도의 의문은 우리보다 앞선 시대를 살았던 분들도 가졌을 것이고, 많은 시간에 걸쳐 연구해서 해결했을지도 몰라. 박사님도 그러셨잖아. 이미 이루어진 업적을 활용하는 것이 중요하다고.

이번에는 인터넷보다는 백과사전을 활용해보자. 쉽게 번 돈은 쉽게 나간다고 어렵지 않게 얻은 정보는 빨리 잊혀질 테니까.

(델타의 시선에 책장에 꽂혀 있는 백과사전 시리즈가 들어왔다. 분야별로 구분된 책은 20권에 이르렀다.)

어휴, 종류도 많네. 음……. 내용상 수학이나 과학이니까. 그렇지, 여기에 있겠네. 주제에 해당하는 단어가 '가나다' 순으로 배열되어 있어. 무슨 단어로 찾아야 할까? '달', '지구'는 너무 포괄적이라 지금 문제에 도움이 안 될 게 뻔해. 떨어지는 경우니까 '**낙하**'라는 단어로 찾으면 있지 않을까? 아, 있어.

> 낙하운동(落下運動, motion of falling body) 중력 때문에 물체가 지구의 중심을 향해 떨어지는 운동. (…) 물체를 지구의 중심 쪽으로 끌어당기는 중력은 물체의 모양, 크기, 밀도에 관계없이 모든 물체에 작용한다.
>
> -『21세기 웅진학습백과사전』 중에서

그렇구나, 중력이라……. 중력에 대해 알아보자.

> 중력(重力, gravitational force/gravity) 질량을 가진 모든 물체 사이에 작용하는 만유인력
>
> 뉴턴의 중력 이론 이 이론에 따르면 두 물체 사이에 작용하는 만유인력의 크기는 두 물체의 질량에 정비례한다. (…) 또, 중력은 두 물체의 무게중심 사이의 거리의 제곱에 반비례한다.
>
> -『21세기 웅진학습백과사전』 중에서

아하, '**만유인력(萬有引力, universal gravitation)**'이라는 법칙이 해결의 실마리를 줄 수 있겠어. 그러니까 이 법칙이라는 것이 질량 m_1과 m_2를 가지는 두 물체간의 거리가 x일 때, 두 물체 사이에 작용하는 힘 F의 세기는 다음과 같다는 말이지.(그림 2.2.1)

$$F = G\frac{m_1 m_2}{x^2}[N] \qquad (2.2.1)$$

(여기서 G는 중력상수에 해당하고, 이 값은 어떤 위치이든, 어떤 시간에서이든 변하지 않는 기초 물리 상수라고 알려져 있는 값으로 다음과 같다.)

$$G = 6.674 \times 10^{-11}[Nm^2/kg^2]$$

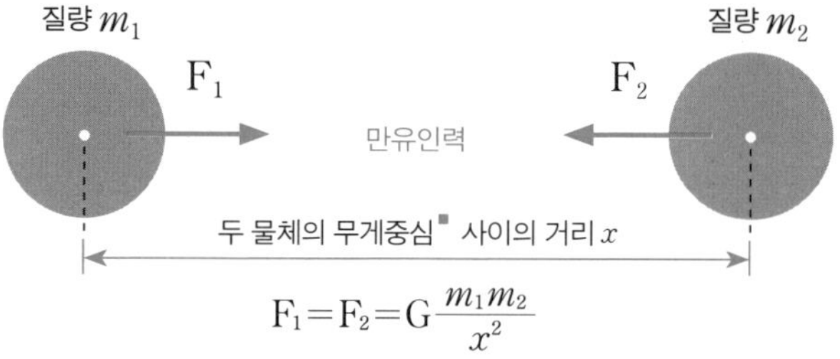

그림 2.2.1

뉴턴의 만유인력의 법칙. 우주의 모든 물질은 **두 물질의 질량의 곱에 비례**하고 두 질량 사이의 **거리의 제곱에 반비례**하는 힘으로 서로 잡아당긴다.

■ 물체의 각 부분에 작용하는 중력의 중심점이 무게중심이다. 균일한 공의 경우 무게중심은 공의 중심에 해당한다.

대단해! 어떻게 저런 관계식을 얻어낼 수 있었을까? 또 중력상수라는 값을 어떻게 구했을까? 뉴턴은 사과가 떨어지는 것을 보고 중력법칙을 알아냈다고 하는데, 정말 그럴까? 또 거리의 제곱으로 나눠야 하는 이유가 있나?

어찌되었든 이 관계식이 낙하하는 물체가 땅에 도달하는 시간을 구하는 결정적 단서를 제공할 게 확실해. 그러자면 (2.2.1)의 식을 면밀히 살펴볼 필요가 있겠지.

그런데 힘 F의 단위가 N이라고 적혀 있는데 이 단위가 무엇일까? 아니, 힘이라는 보이지 않는 추상적인 것을 어떻게 저처럼 수식으로 표현할 수 있는 것일까?

만유인력

뉴턴은 어떻게 만유인력을 생각해냈을까? 그는 사과가 땅에 떨어지는 것은 지구가 잡아당기는 것이라는 상상에서 출발하였다. 그림 2.2.2처럼 사과는 지구가 끌어당기는 힘 때문에 낙하한다는 점에 착안하여 다음과 같이 유추했다. **"사과를 땅으로 잡아당기는 힘이 있다면 이는 하늘 위로 계속 뻗쳐나갈 것이고, 그렇**

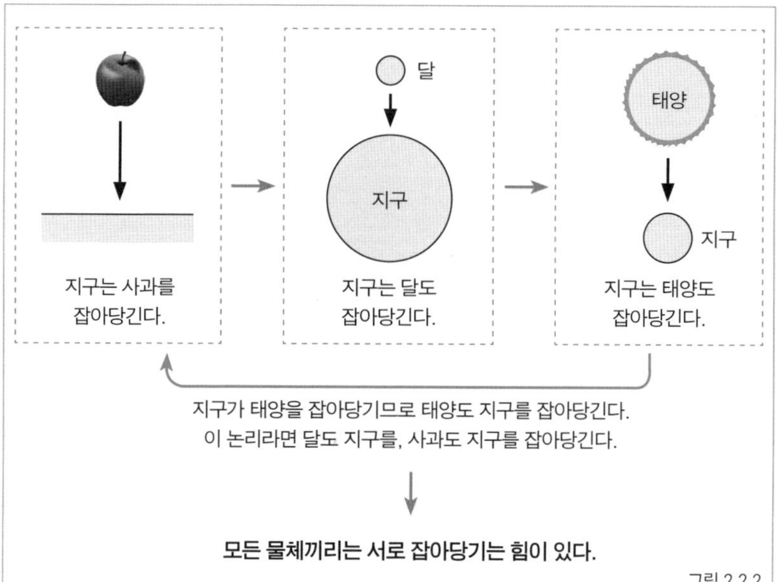

그림 2.2.2

게 되면 달까지도 끌어당길 것이다.” 다시 말해 지구가 사과와 달을 잡아당기듯 지구도 태양을 잡아당겨야 할 것이고, 그런 맥락이면 태양도 지구를 잡아당기고, 사과와 달도 지구를 잡아당길 것이라는 유추의 결론에 도달한 것이다.

03

'힘'이 무엇일까?

힘은 보이지는 않아도 느낄 수는 있어. 팔씨름에서 팔의 힘이 센 사람이 이기거나 야구공에 힘이 제대로 전달되면 홈런이 되기도 하듯이 힘의 크기는 분명 존재해. 그렇다면 추상적이랄 수 있는 속도를 시간과 거리의 관계를 이용해 수식으로 나타낼 수 있었던 것처럼 힘도 어떤 관계식으로 나타낼 수 있지 않을까? 그러자면 힘을 결정짓는 요소가 무엇인지를 알아내는 것이 우선이지 않을까? 상상해보자, 내 자신이 힘을 가하거나 느낄 때를.

정지해 있는 물체에 내가 오른쪽으로 힘을 가하면 오른쪽으로 움직일 것이고, 움직이는 물체의 방향으로 힘을 주면 더욱 빠르게 운동하게 되고 혹은 반대로 힘을 주면 멈추게 할 수도 있어.(그림 2.3.1의 ①) 확실히 힘은 물체의 운동을 바꿔주는 근원인 셈이야. 또한 같은 힘을 주더라도 무거운 물체가 덜 움직이겠지. 또 골프공보다 가벼운 탁구공이 같은 속도로 내 머리를 때릴 때 덜 아프고.(그림 2.3.1의 ②) 그러면 힘은 물체의

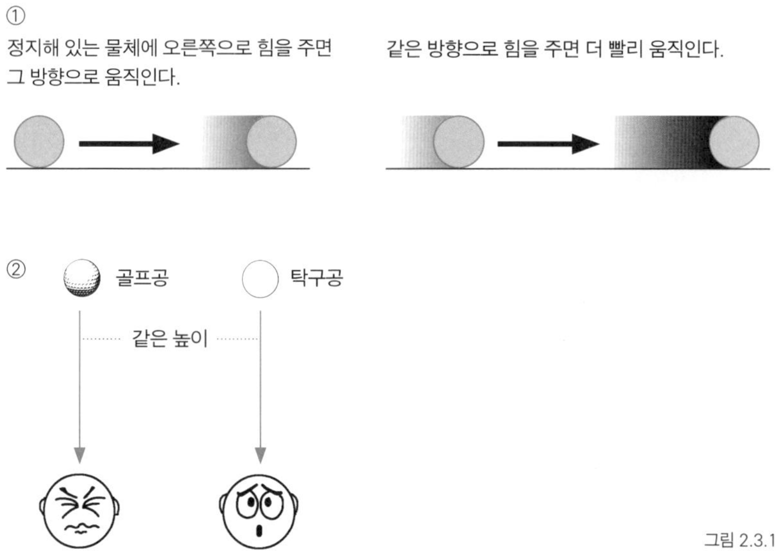

그림 2.3.1

무게와 속도 등 여러 변수에 관계될 것 같은데…….

(델타는 자료 검색을 통해 '힘'의 정확한 본질에 대해 알아봤다.)

힘의 정의도 뉴턴의 업적이네. 정말 대단한 분이야. **"운동의 변화는 가해진 힘에 비례하며 힘이 가해진 직선방향으로 일어난다"**라고 힘을 정의하고 속도의 변화와 물체의 질량에 관계한다는 사실에 입각하여 다음과 같은 운동법칙을 이끌어냈구나.

$$\mathrm{F} = ma \tag{2.3.1}$$

(여기서 F는 힘(force), m은 물체의 질량(mass), a는 가속도(acceleration)이다.)

힘을 느끼는 상황(그림 2.3.1)을 생각하면 질량과 밀접한 관계가 있다는 건 충분히 알겠는데 가속도라는 항은 무엇을 뜻하지? 가속도가 무엇일까?

(델타는 다시 자료 검색을 통해 가속도의 의미를 찾아낼 수 있었다. **가속도**의 가(加)는 '더한다'는 뜻으로 가속도는 글자 그대로 속도가 더해지는 정도를 나타내는 물리량이었다. 즉 시간에 따른 속도의 변화량으로서, 속도를 시간으로 나눈 것으로 정의하고 있었다.)

가속도 = 속도 ÷ 시간

알기 쉽게 얼음판 위에서 달려가는 경우를 한번 생각해보자. 멈춰 있다가 빙판 위를 달리기 위해서는 힘을 가해야 되겠지. 힘이 가해지지 않으면 계속 멈춰 있을 것이고, 힘을 가하게 되면 속도가 변하게 될 것이란 말이야. 그리고 어느 순간 힘을 가하는 걸 멈추면 그 속도를 유지하면서 미끄러져가거든. 현실적으로 어느 지점에 이르러서 멈추게 되는 것은 공기의 저항이나 빙판과 스케이트화와의 마찰 때문이므로 이러한 외부적 요인이 없다고 가정하면 계속 그 속도로 진행하게 되는 등속도운동이 될 거야. 이렇게 보니 마찰이나 저항은 속도를 떨어뜨리는 힘이구나.

그러니까 힘을 가하면 속도의 변화를 일으키게 되고(그림 2.3.1의 ①) 그것이 가속도를 뜻하므로 힘의 식에서 가속도의 항이 들어갈 수밖에 없겠어. **속도가 있다고 힘이 있는 것이 아니라 속도의 변화를 주는 가속도가 있어야 힘이 정의된다는 의미야.**

질량에 관계된다는 점이야 쉽게 이해할 수 있지. 같은 힘을 줄 때 질량이 무거울수록 움직임이 둔할 것임은 당연하니까. 질량이 2배가 되는 물체에 같은 힘을 주면 가속도는 $\frac{1}{2}$로 줄고 질량이 3배가 되는 물체라면

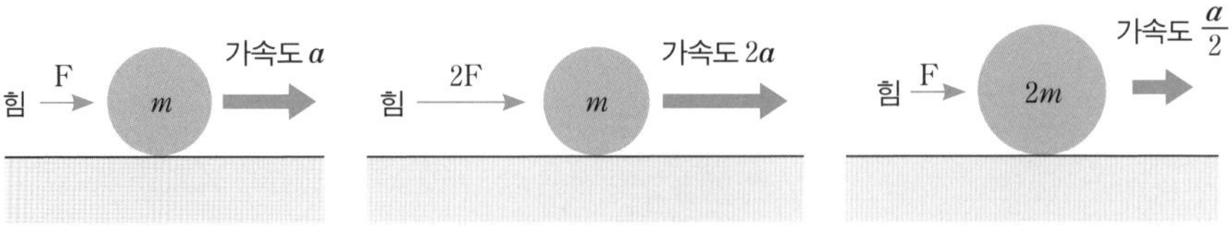

그림 2.3.2

$\frac{1}{3}$의 가속도만 가지게 되겠지. 즉, **물체의 가속도는 그 물체의 질량에 반비례한다**는 것이지.(그림 2.3.2)

속도의 단위는 m/sec이고, 가속도는 속도를 시간으로 나눈 것이므로 가속도의 단위는 m/sec^{2}이 되겠네. 아, 그러니까 질량 1kg의 물체에 1m/sec^{2}의 가속도를 생기게 하는 힘의 크기가 1N이구나. N(뉴턴)이 뭔지 몰랐는데 이제 알 것 같아.

$$N = kg \cdot m/sec^2$$

그렇다면 지구가 잡아당기는 힘, 즉 중력의 크기를 알게 되면 속도의 변화를 알 수 있는 것이 아닌가? 힘을 알면 가속도를 알 수 있고, 가속도로부터 속도를 이끌어낼 수 있을 테니까. 가령 가속도가 1m/sec^{2}이면 이 가속도는 1초 동안 속도를 1m/sec로 증가시키므로 1초 후에는 1m/sec, 2초 후에는 2m/sec, …와 같이 속도를 시간별로 모두 구할 수 있잖아.

결론적으로 지구가 당기는 힘(중력)의 크기만 알면 낙하하는 물체가 땅에 닿을 때까지 얼마의 시간이 소요되는지 알 수 있겠어. 중력의 크기는 얼마일까?

평균가속도

속도, 가속도를 수학적인 기호로 표현하면 다음과 같다. 어떤 시각 t_1에서의 위치가 x_1, 그리고 속도는 v_1이라 하자. 이제 얼마만큼의 시간이 경과한 시각 t_2에서의 위치와 속도를 각각 x_2, v_2라 하면 시간, 거리, 속도의 변화량은

$$\Delta t=t_2-t_1,\ \Delta x=x_2-x_1,\ \Delta v=v_2-v_1$$

이 된다. (Δ는 그리스 기호로서 **델타**라고 읽으며 변화의 양을 기호로 표현할 때 가장 많이 쓰이는 기호이다.) 따라서 시각 t_1과 t_2 사이에서 속도 $\overline{v}$ (이를 **평균속도**라 한다)는

$$\overline{v}=\frac{\Delta x}{\Delta t}=\frac{x_2-x_1}{t_2-t_1} \qquad (2.3.2)$$

이고, **평균가속도** $\overline{a}$ 는

$$\overline{a}=\frac{\Delta v}{\Delta t}=\frac{v_2-v_1}{t_2-t_1} \qquad (2.3.3)$$

이다.(그림 2.3.3)

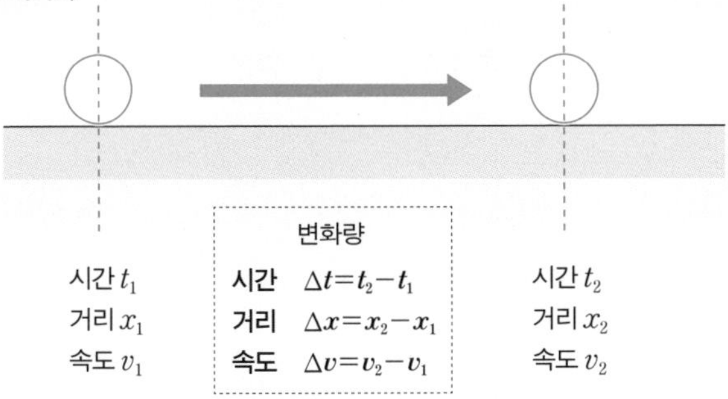

그림 2.3.3

$$\text{속도}=\frac{\text{거리}}{\text{시간}}\left(v=\frac{\Delta x}{\Delta t}\right) \qquad \text{가속도}=\frac{\text{속도}}{\text{시간}}\left(a=\frac{\Delta v}{\Delta t}\right)$$

04

실험을 통한 중력가속도의 측정

혹시 박사님이 나에게 붙여주신 이름인 델타가 앞의 절 '평균가속도' 내용에 나온 'Δ'인가? Δ는 변수의 변화량을 뜻할 때 많이 쓰인다고 하는데……. 아직은 단정 지을 수 없지. 너무 싱거운 느낌도 들어. 박사님이 상당한 의미를 가지고 지어주셨을 텐데 말이야. 뭔가 다른 의미가 있을 거야.

물체는 질량과 상관없이 같은 높이에서 떨어뜨리면 동시에 땅에 닿는다고 배웠어. '근대 과학의 아버지'라 불리는 갈릴레이(Galileo Galilei, 1564~1642)가 **"가벼운 물체든 무거운 물체든 같은 속도로 낙하한다"**는 사실을 밝혀냈잖아.

깃털과 돌을 같은 높이에서 동시에 떨어뜨리면 직접 해보지 않아도 차이가 있을 것임은 명백해. 당연히 공기의 저항 때문에 돌이 먼저 떨어지지. 만약 공기가 없는 진공상태에서 실험하면 동시에 떨어질 거야.(그림 2.4.1) 이걸 입증한 유명한 실험도 있잖아. 1971년에 아폴로 15호를 타고 달에 갔던 스코트(Dave Scott)가 망치와 깃털을 가지고 낙하 실험을 했는

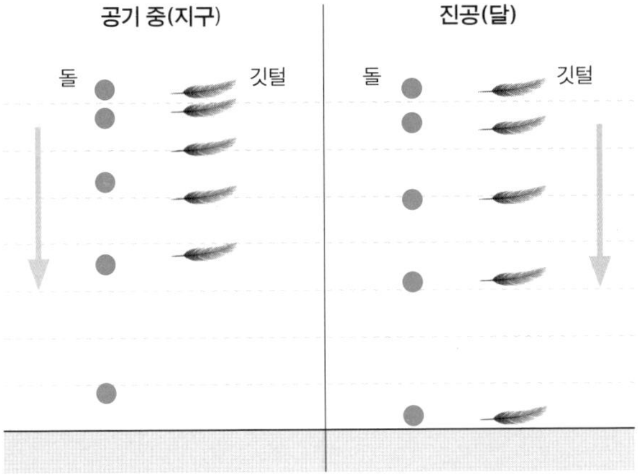

그림 2.4.1

데, 실험 결과 두 물체가 동시에 달 표면에 떨어졌다고 하거든.

이 사실로 유추하면 물체■가 질량에 상관없이 동시에 땅에 도달한다는 것은 중력에 의해 모든 물체가 느끼는 속도의 변화, 즉 가속도는 동일하다는 말이 아닐까? 그래, 이 가속도의 값만 구해내면 속도의 변화가 어떻게 일어나는지 알게 되겠어! 그런데 어떻게 중력가속도■■의 값을 구한담?

■ 정확히 말하면 '동일한 중력권 안에 있는 물체'. 그것이 지구 중력권이든, 달의 중력권이든 같은 중력권 안에 있는 물체는 같은 속도로 낙하한다.

■■ 여기서는 달의 중력가속도 값이 아닌, 지구에서의 중력가속도 값을 구한다.

(중력가속도의 값을 자료 검색을 통해 알아보려던 델타는 자신이 직접 구하는 방법은 없을까 하는 생각이 들었다. 한참 궁리를 거듭하던 델타는 측정할 수 있는 방법을 스스로 고안해낼 수 있었다.)

정확한 값은 아니지만 대략적으로 중력에 의한 속도의 증가량, 즉 가속도를 구할 수 있을 것 같아. 최대한 공기의 저항을 적게 받는 물체를 알고 있는 높이에서 떨어뜨려 땅에 닿을 때까지의 시간을 스톱워치로 측정하면 평균속도를 구할 수 있잖아.

(델타는 10번에 걸쳐 직접 18m의 높이에서 물체를 떨어뜨리는 실험을 통해 다음과 같은 결과를 얻어냈다.)

표 2.4.1 **실험을 통한 측정값**

횟수	1	2	3	4	5	6	7	8	9	10	평균
시간(초)	1.98	2.05	2.02	1.96	1.99	2.00	1.98	2.03	2.01	1.98	2.00

평균 2초 만에 땅에 닿는구나. 물론 측정오차라는 것이 있어서 정확한 값이라 할 수 없겠지만 2초 내외의 시간이 걸린다고 봐야지. 물체의 속도는 0에서 증가하여 어떤 속도를 가지고 땅에 도착했겠지만 이때의 속도는 알 길이 없어. 하지만 물체가 떨어진 높이 18m에서 소요시간인 2초를 나눈 9m/sec가 평균속도가 될 것은 너무도 당연한 사실이야. 그렇다면 정지한 상태(속도 0)에서 일정하게 속도가 증가한다고 봤을 때 평균속도가 9가 되기 위해서는 땅에 닿을 때의 속도가 18m/sec가 돼야 하지 않을까?(그림 2.4.2)

이 추론이 정확하다면 2초 동안 속도가 18이 증가했으니까 가속도는 식 (2.3.3)에 의해

$$\text{가속도}\ \frac{18-0}{2-0}=9\,[\mathrm{m/sec^2}]$$

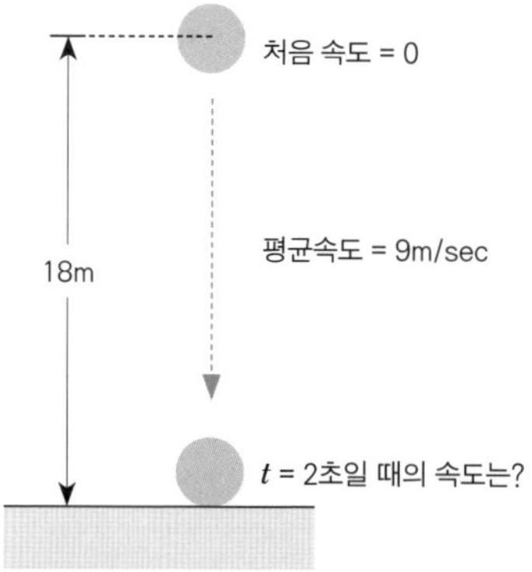

그림 2.4.2

이겠지. 단정 짓기는 힘들지만 이 값이 곧 지구가 당기는 힘에 의해 발생하는 가속도이지 않을까?

이 가속도의 값으로 달의 충돌시간 계산이 충분히 가능할 것 같아!

달의 운동방정식

모든 물체(질량 m)는 지구(질량 M)가 당기는 힘(중력)을 느낀다. 이 힘은 만유인력의 법칙(식 2.2.1)에 의해 지구와 물체 사이의 거리를 x라 하면

$$G\frac{Mm}{x^2}$$

이다. 이때 이 물체가 가지는 힘은 뉴턴의 힘의 법칙(식 2.3.1)에 의해

$$F=ma$$

이고, 이 힘이 바로 지구가 당기는 중력을 뜻하므로 위의 두 식은 같다.

$$ma=G\frac{Mm}{x^2} \longrightarrow \therefore \boldsymbol{a}=\frac{\mathbf{GM}}{\boldsymbol{x}^2} \quad (2.4.1)$$

이다. 따라서 가속도는 물체의 질량과 무관하고 이 물체에 힘을 주는 대상인 지구의 질량과 거리에만 관계된다는 것을 알 수 있다. 그리고 이 식이 본 주제를 해결할 결정적 단서가 될 '**달의 운동방정식**'이다.

지구의 질량은 $M=5.97\times10^{24}$kg으로 알려져 있고, 지구의 모든 질량이 지구

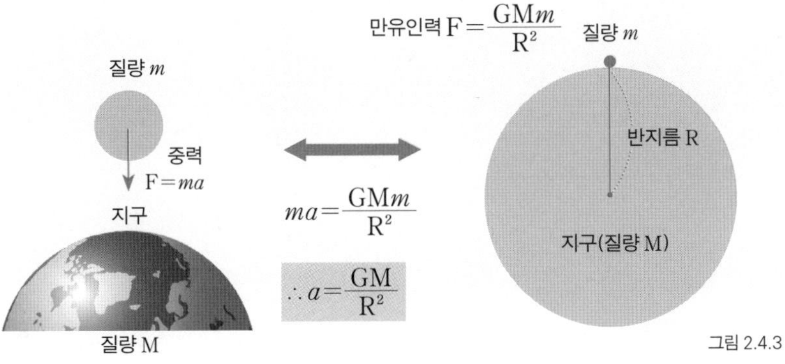

그림 2.4.3

의 중심에 위치해 있다고 보면 지구와 물체 사이의 거리는 지구의 반지름(R)에 해당한다.(그림 2.4.3)

지구의 반지름이 대략 6.38×10^6m이므로 가속도 a는

$$a=\frac{G\times(5.97\times10^{24})}{(6.38\times10^{6})^{2}}=9.78\,[\mathrm{m/sec^2}]$$

으로 약 $9.8\mathrm{m/sec^2}$ 정도이다. 지구에 의해 생긴 것이므로 이 가속도를 **중력가속도(重力加速度)**라 하며, 일반적인 가속도 기호 a와 차별성을 두기 위해 g로 표시한다.

05

충돌시간 계산 끝!?

중력에 의해 모든 물체는 9.8m/sec^{2}라는 가속도로 속도가 증가하거나 감소한다는 점은 이렇게 이해할 수 있겠어. 우리가 공을 위로 던지면 공의 속도는 서서히 감소하여 어느 높이에서 오르는 것을 멈추게 되는데 그 이유가 바로 올라가는 물체는 지구가 당기는 힘에 의해 속도가 초당 9.8m/sec^{2}으로 감소하여 어느 순간 속도가 0이 되어 더 이상 올라가지 못하기 때문이야. 그때부터 땅으로 낙하하기 시작하는데 떨어지는 속도 역시 초당 9.8m/sec^{2}으로 증가하게 되겠지. 즉, 위로 던질 때는 속도의 방향과 지구가 당기는 중력가속도의 방향이 서로 반대여서 공의 속도가 줄어들고, 반면 떨어질 때는 방향이 서로 일치하기 때문에 낙하하는 물체의 속도가 계속 증가하는 것으로 해석할 수 있겠어.(그림 2.5.1)

자, 지금 알고 있는 정보가 달과 지구의 거리와 중력가속도의 값이고 이로부터 충돌시간을 구하는 것이 문제야. 여기서 속도의 값을 알면 뭔가 풀릴 것 같은데…….

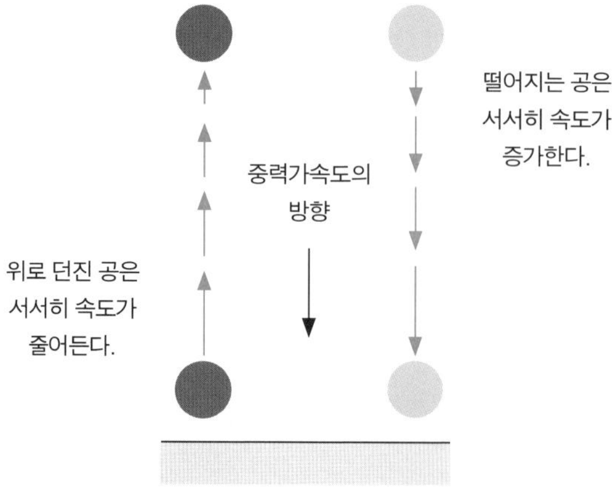

그림 2.5.1

중력가속도 g가 일정하므로 속도는 일정한 비율로 증가하고, 속도는 처음에 0에서 시작해서 땅과 충돌하는 t초 후는 gt가 될 것이므로 평균속도는 이 두 값의 평균이 될 것이야.(그림 2.5.2)

$$\overline{v} = \frac{gt}{2}$$

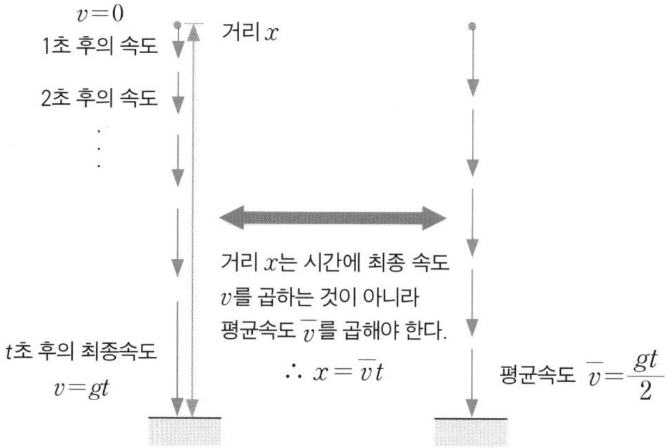

그림 2.5.2

따라서 움직인 거리 x는 평균속도에 시간을 곱한 다음의 식과 같아져.

$$x = \bar{v}t = \frac{1}{2}gt^2 \quad (2.5.1)$$

(델타는 순간 문제가 해결될 것이라는 기대감에 흥분을 감출 수 없었다. 잠시 심호흡을 하면서 떨린 가슴을 진정시킨 후 계산을 이어나갔다.)

거리가 약 38만 km이므로 식 (2.5.1)에 이 값을 대입하면 다음과 같이 계산될 거야!

$$380000000\,[\mathrm{m}] = \frac{1}{2} \times 9.8\,[\mathrm{m/sec^2}] \times t^2\,[\mathrm{sec^2}]$$
$$\therefore t \fallingdotseq 8800\,[\mathrm{sec}]$$

한 시간이 3600초이므로 대략 2시간 30분이면 달이 지구와 충돌한다는 계산이 나오네. 물론 공기의 저항 때문에 이 시간보다는 더 걸리겠지. 하지만 생각보다 상당히 빠른 시간 만에 충돌이 발생하네.

우와! 의외로 쉽게 해결했어. 이렇게 기쁠 수가! 박사님께서는 꽤 오래 걸릴 거라고 말씀하셨는데 괜히 엄포를 주신 것일까? 박사님한테 이제 전화해야겠다. 내가 깨끗하게 해결했고 델타는 변수의 변화량을 뜻하는 용어라고 말이야. 그래도 전화하기 전에 한 번쯤 검토해봐야지.

비록 공기의 저항은 무시한다는 가정 하에 풀었지만 뭔가 빠진 것 같긴 하네. 너무 쉽게 결과를 얻어서 그런가? 뒤끝이 개운치 않아. 그러고 보니 박사님이 알려준 것과 다르게 삼각함수와 미분, 적분을 이용하지도 않았잖아. 뭔가 잘못되었나?

이 찜찜함을 없애기 위해서라도 달의 운동방정식 (2.4.1)을 다시 검토해볼 필요가 있겠어.

등가속도운동

가속도가 변하지 않고 움직이는 물체의 운동을 **등가속도운동(等加速度運動)**이라 한다. 처음 속도(v)를 0이라 하고 가속도를 a라 하면 1초 후에는 속도가 a, 2초 후에는 $a+a=2a$, 3초 후에는 $2a+a=3a$, …으로 속도는 단순하게 가속도에 시간을 곱하면 된다.

$$\therefore v=at$$

예를 들어 중력가속도의 크기가 10m/sec^{2}이라고 할 때, 3초 후의 속도는

$$10\times3=30[\text{m/sec}]$$

이다. 한편 이 시간 동안 떨어진 거리 x는 $3\times30=90$m가 아님에 유의해야 한다. 왜냐하면 이 물체는 0이라는 속도로 떨어지기 시작해서 30m/sec에 이른 것이지 처음부터 30m/sec로 떨어진 것이 아니기 때문이다. 따라서 떨어진 거리는 3초 동안의 평균속도에 시간 3초를 곱해야 하는데, 평균속도는 처음 속도와 나중 속도를 더하여 2로 나누면 된다.

$$\text{평균속도 } \overline{v}=\frac{\text{처음 속도+나중 속도}}{2} \qquad (2.5.2)$$

처음 속도가 0, 최종 속도가 at이므로 떨어진 거리는 다음과 같다.

$$x=\frac{0+at}{2}\times t=\frac{1}{2}at^2 \qquad (2.5.3)$$

쉬어가기 코너

공기저항이 없으면 비를 맞아 죽을 수도 있어!

대부분의 생물체는 공기 중의 산소를 들이마시며 호흡을 통해 살아간다. 공기가 없으면 숨을 쉴 수 없는 것은 물론 소리를 들을 수도 없다. 소리의 진동을 공기라는 매질이 전달해주기 때문이다. 이외에도 여러 가지로 고마운 공기는 빗방울의 위험(?)에서 보호막 역할을 해준다.

구름의 종류에 따라 다르지만 비는 보통 1.2km 이상의 상공에서 떨어진다. 만약 이 높이에서 돌멩이가 떨어진다면? 아마도 사람은 당연하고 건물이나 자동차도 성치 못할 것이다. 그런데 우리는 빗방울을 맞아도 죽거나 전혀 다치지 않는다. 이유가 무엇일까? 빗방울이 작아서? 그 이유도 있겠지만 더 중요한 것은 공기의 저항 때문이다.

이번 장에서 달의 추락속도를 구한 것과 마찬가지로 지상 1.2km에서 떨어지는 빗방울이 땅에 도달했을 때의 속도를 구해보자. 먼저 땅에 도달할 때까지의 시간 t는 식 (2.5.3)을 이용해서 구할 수 있다. 이때 계산의 편의를 위해 중력가속도를 10m/sec^{2}이라 놓자.

$$1200\,[m] = \frac{1}{2} \times 10 \times t^2, \;\therefore\; t = \sqrt{240} \fallingdotseq 15.5\,[\mathrm{sec}]$$

대략 15초 후에 지면에 도달하고, 속도는 중력가속도에 의해 초당 10m 증가하므로 땅에 닿을 때의 속도는 150m/sec가 된다. 1초에 150m를 가게 되는 것이므로 시속으로는 540km의 속도로, 이는 100km/hour로 달리는 자동차와 비교하면 가히 엄청난 속도이다. 빗방울이 작다 한들 이 정도이면 지상에서 남아날 것이 없을 것이다. 하지만 다행히도 공기가 존재하기에 빗방울은 지상에서

10m/sec 가량의 속도를 지니게 된다. 공기의 저항이 얼마나 크기에 이 정도의 속도만으로 낙하할까?

위험할 수 있지만 달리는 자동차에서 창문 밖으로 손바닥을 내민 경험은 누구나 있을 것이다. 천천히 달릴 때에는 잘 모르지만 빨리 달릴 때에 손바닥이 뒷바람으로 밀리는 힘을 느끼게 된다. 바람이란 것이 공기의 흐름이므로 이것이 바로 공기의 저항이다. 즉 **공기의 저항은 달리는 속도에 비례하여 커진다.** 아래 그림과 같이 빗방울이 처음에 낙하할 때에는 중력의 영향으로 가속되어 속도가 증가하지만 그에 따라 공기의 저항도 서서히 증가하면서 가속시키는 힘을 줄어들게 한다. 결국 어느 시점에 이르러서는 지구가 잡아당기는 힘과 공기의 저항이 팽팽히 맞서서 빗방울이 느끼는 힘이 없어지게 되고 이때부터 등속도운동을 하게 되는 것이다. 이 속도를 **종단속도(縱斷速度)**라 한다.

달의 추락도 이 관점에서 살펴보아야 옳을 것이다. 그만큼 공기의 저항은 배제할 수 없는 요인이다. 그러나 이 변수는 너무도 복잡하고 난해하므로 무시하고 이야기를 진행해갈 것이다.

빗방울의 종단속도 과정

처음에는 중력가속도 mg의 힘만 느낀다.

속도가 커질수록 저항력 bv에 의해 $ma=mg-bv$의 힘을 느낀다.

저항력 bv가 mg와 같아지면 더 이상 가속되지 않고 같은 속도로 떨어진다.

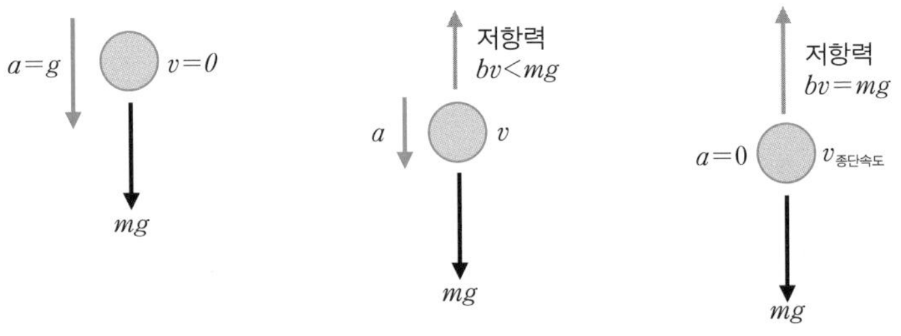

연습문제

2.1

시속 60km의 속도로 달리는 자동차에 대해 1분과 1초의 단위로 환산한 속도를 각각 구하여라.

2.2

치타가 4초 만에 100m를 달렸다고 하면 이 치타의 평균속도는 얼마인가? 또한 10초 동안 250m를 달렸을 때의 평균속도는 얼마인가? 이때, 어느 쪽의 속도가 더 큰가?

2.3

질량이 m인 물체(A)에 가속도 a를 가지도록 하는 힘을 f라고 할 때, 질량이 $2m$인 물체(B)에 같은 가속도 a를 가지도록 하려면 얼마의 힘이 필요한가?

2.4

어느 국도의 제한속도는 60km/hour이다. 그런데 어떤 자동차가 시속 72km/hour의 속도로 과속하고 있다고 하자. 그것을 목격한 순찰차가 과속한 자동차보다 125m 떨어진 시점부터 출발하여 2m/sec^2로 일정하게 가속하면서 과속 자동차를 붙잡고자 한다. 순찰차가 과속한 자동차를 붙잡기 위해 걸리는 시간은 얼마인가? 이때 과속 자동차는 등속도운동으로 계속 진행한다.

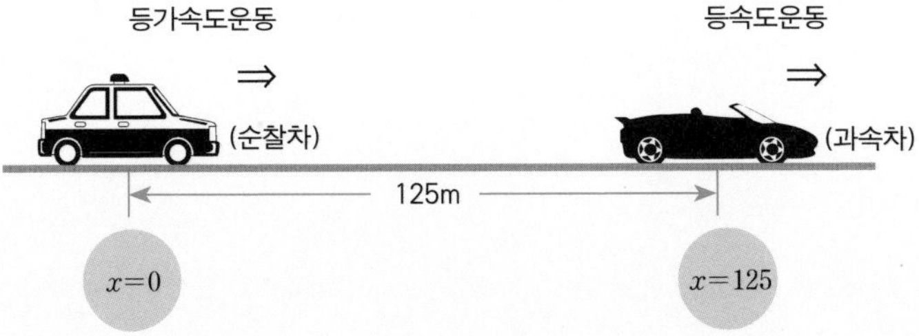

2.5

(1) 두 물체 사이의 거리가 2배가 될 때 두 물체 사이의 만유인력의 크기는 어떻게 변하는가?

(2) 나무 꼭대기에 달려 있는 사과에 1N의 지구 중력이 작용하고 있다. 나무의 높이가 2배로 된다면 중력의 크기는 어떻게 되는가?

2.6

지상 1.2km의 높이에서 떨어지던 빗방울이 어느 지점부터는 10m/sec의 일정한 속도로 낙하하고 있다. 이때 이 빗방울의 가속도와 공기의 저항력을 계산하라. 단, 빗방울의 질량은 10g이며, 중력가속도의 크기는 1.2km 이하의 높이에서 모두 $10m/sec^2$이라 가정한다.

시간은 영원히 이어질까? 우주는 끝없이 펼쳐져 있을까? 물질을 무한히 쪼개나가면 무엇이 남을까? 무한에 1을 더하면 어떤 수일까? 인류는 오랫동안 무한에 관한 질문을 품어왔다. 애매하고도 신비한 대상, 무한을 둘러싼 역설도 많다. 그러나 수학과 물리학의 발전에 지대한 공헌을 한 것도 다름 아닌 무한이다.

3장

자동차 속도측정기에 숨어 있는 미분의 원리

자동차로 서울에서 부산까지 운행할 때 자동차의 속도는 일정하지 않다. 이때 시간에 따라 어느 위치에 있었는지에 대한 정보를 획득하고 있다면 모든 지점에서 자동차의 속도와 가속도를 구할 수 있을까? 알아낼 수 있다면 어떤 방법으로? 이번 장에서는 무한소라는 개념을 통해 시간에 따라 변화하는 변수(거리)에서 다른 정보(속도나 가속도)를 추출하는 미분의 개념을 설명한다.

01

무엇이 잘못되었지?

아무리 생각해도 앞의 결과는 뭔가 잘못된 것 같아. 아무래도 뉴턴의 업적을 제대로 사용하지 않은 듯하거든. 우주 공간 어느 지점에 있더라도 지구가 끌어당기는 힘, 중력이 존재한다고 하지 않았나? 그런데 지구 밖 우주 공간은 **무중력(無重力)** 상태에 있다는 말을 들어보았단 말이야. 무중력이란 말 그대로 중력이 없는 상태, 즉 지구가 끌어당기는 힘이 없음을 뜻하잖아. 그러면 중력의 법칙이 틀린 이론이란 것인가? 우주 공간에서 중력가속도가 지상에서와 마찬가지로 존재한다면 무중력 상태란 존재할 수 없고 우주선 안에서도 사람이 지구를 향한 쪽으로 서 있어야 할 텐데……. 그러나 우주선 안에서 사람이 마치 새처럼 둥둥 떠다니는 것을 텔레비전이나 영화 등에서 많이 봤잖아.

확실히 무중력은 존재해. 그렇지만 뉴턴의 이론은 만고의 진리로 밝혀진 사실이야. 분명 우주선 안에도 중력이 존재해야 한다는 의미인데……. 뭐가 잘못된 거지? 일단 뉴턴의 만유인력의 법칙에서 얻어진 중력가속도의 식 (2.4.1)을 그대로 옮겨서 다시 살펴봐야겠어.

$$g = \frac{GM}{x^2} \qquad (3.1.1)$$

위의 식에서 G는 중력상수로서 원주율 π와 같이 변하지 않는 값이라 했어. M 역시 지구의 질량이므로 변하지 않는 상수이고. 분모에 있는 x는 두 물체 사이의 거리인데……. 흠, 혹시 중력가속도 g는 일정한 값이 아니라 거리 x에 따라 변한다는 의미일까?

그래! 우주선 안에서 몸이 뜨는 것은 지구와 우주선이 거리상 엄청나게 떨어져 있어서 중력가속도 g가 매우 작은 값이 되기 때문인가봐. 지구와 달도 어마어마하게 떨어져 있잖아. 이런, 큰 실수를 할 뻔했어. 2장에서 중력가속도의 값을 얻는 데에만 신경 쓰다보니 이 사실을 간과하고 중력가속도를 항상 9.8m/sec^{2}인 등가속도운동으로 놓고 계산했어. 9.8m/sec^{2}는 지상 위의 중력가속도를 구한 값인데 말이야. 빨리 해결하고 싶은 마음에 중요한 사실을 놓쳤던 거야. 중력가속도 g는 거리에 따라 달라지는 값이었어!

(실제로 달이 지구에 의해 어느 정도의 힘으로 당겨지는지 알아내기 위해 델타는 식 (3.1.1)에 관련된 값을 대입하여 계산하였다.)

중력상수 $G = 6.674 \times 10^{-11}\,Nm^2/kg$

지구의 질량 $M = 5.97 \times 10^{24}\,kg$

달의 중심과 지구 중심 사이의 거리 $x = 384{,}400{,}000\,m$

$\therefore\ g = 2.7 \times 10^{-3}\,m/sec^2$

이야, 지구 위에서의 중력가속도의 값(9.8m/sec)과 비교하면 생각 외로 상당히 작은 값이구나.

그러니까 그림 3.1.1과 같이 달이 낙하하는 상황을 실시간으로 살펴본다면 속도는 1초마다 대략 2.7×10^{-3}만큼 증가하니 상당히 느린 속도로 낙하하겠지. 아마도 달은 처음 1분 동안 수 미터 정도만 움직일지 몰라. 지구와의 거리가 더 가까워져서 중력가속도가 커져야 떨어지는 속도도 증가하여 1초 동안 달이 움직이는 거리가 처음과 비교해서 커지게 될 거야.(그림 3.1.2) 이 점을 무시하고 모든 지점에서 중력가속도를 9.8m/sec^2로 해서 풀었으니……. 생각이 짧았어.

지구와 가까워질수록 중력가속도의 값이 커져 속도의 증가량이 증가하게 되고, 같은 시간 동안 떨어지는 거리도 크게 증가한다.

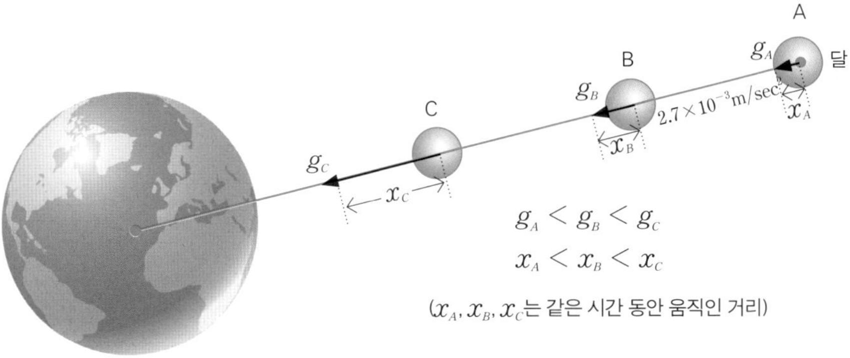

위치에 따른 중력가속도의 변화 그림 3.1.1

달의 낙하는 등가속도운동이 아니고 시시각각 거리에 따라 변하는 가속도의 영향을 받고 떨어지는 운동이야. 따라서 앞장에서 얻은 충돌시간인 8800초는 당연히 말이 되지 않는 결과이고 훨씬 더 긴 시간이 걸리겠는걸. 충돌은 피할 수 없겠지만 생존시간이 더 길어진 셈이라고나 할까?

거리에 따라 변하는 중력가속도의 영향을 받고 낙하하는 달의 운동을 기술하려면 더 세밀한 관점에서 사고할 필요가 있겠어.

휴, 풀었다고 박사님한테 전화했으면 엄청 창피했겠어. 하필 중력이 거리의 제곱에 반비례해서 이렇게 골치 아프게 만드냐.

거리마다 바뀌는 중력가속도를 어떻게 처리해야 충돌시간을 계산해낼 수 있을까?

02
전략을 세우다

시간과 거리의 관계식으로 이루어진 등가속도운동은, 거리와 가속도의 관계로 되어 있는 달의 운동방정식과는 확실히 차이가 있긴 해.

등가속도 $x=\frac{1}{2}at^2$ (거리-시간의 관계식, a는 상수)

달의 운동방정식 $g=\frac{GM}{x^2}$ (가속도-거리의 관계식)

등가속도에서 보면 가속도의 식에서 속도의 식, 속도의 식에서 거리의 식을 구할 수 있었어.(그림 3.2.1의 왼쪽 상자 A 과정) 이 점에 착안해서 달의 운동방정식에서 가속도가 시간에 대해 어떻게 되는지 이끌어낼 수 있다면 마찬가지 방법으로 가속도에서 속도, 속도에서 거리의 식을 구할 수 있지 않을까?(그림 3.2.1의 B에서 A 과정)

그래, 그럴싸해. 달의 운동방정식에서 가속도를 시간의 식으로 나타내서 이로부터 거리를 시간의 식으로 표현하면 해결될 거야. 좋았어! 그러

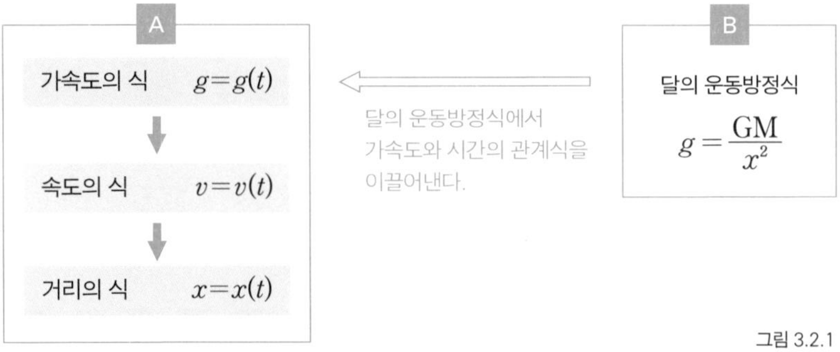

그림 3.2.1

기 위해서는 먼저 시간을 변수로 한 가속도의 정보로부터 속도나 거리의 식을 시간의 식으로, 혹은 시간과 거리의 관계식에서 속도나 가속도를 시간의 식으로 알아내는 일반적인 방법을 찾아내야 할 것 같아. 사실 등가속도처럼 가속도가 일정할 때에는 어렵지 않게 거리와 시간의 관계식을 이끌어낼 수 있었지만, 달의 낙하와 같이 가속도가 일정하지 않을 때 거리의 정보를 알아내는 방법은 명확하게 알지 못해. 반대로 거리의 정보만 있을 때 가속도와 속도를 구하는 법도 모르잖아. 그렇다면 먼저 위의 전략을 수행하기 위해서는 가속도의 정보로부터 속도의 정보를 빼내고, 이로부터 거리를 구하는 방법 혹은 반대로 거리의 정보에서 속도와 가속도의 정보를 얻어내는 방법을 알아야 되겠어.(그림 3.2.2)

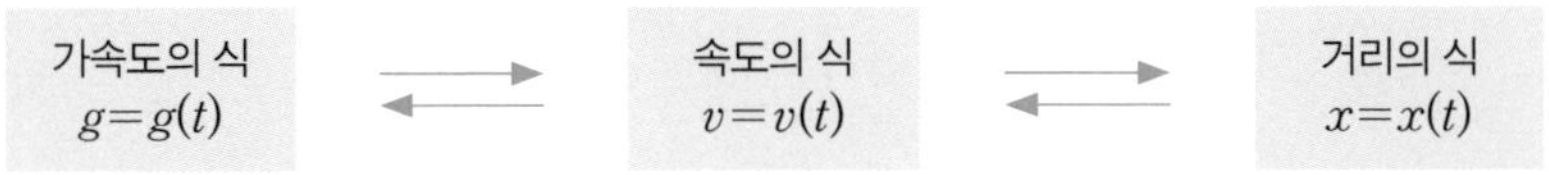

그림 3.2.2

이런 식으로 전략을 세우니까 마치 게임의 세계에 들어온 기분이야. 목표물을 차지하기 위해 계획을 수립하여 진두지휘하는 느낌이랄까? 계획이 맞아떨어져 문제가 풀리면 엄청 짜릿하겠어. 이제 진격!

(잠시 생각에 잠겨 있던 델타에게 하나의 방안이 떠올랐다.)

차를 타고 가다보면 길이 훤히 뚫려 있는데도 속도를 줄이고 천천히 갈 때가 있어. 그것은 십중팔구 어딘가에 과속여부를 단속하는 무인 속도측정기가 있다는 얘기거든. 그래, 이 속도측정기가 어떤 원리로 자동차의 속도를 측정하는지를 알면 이번 주제에 도움이 되지 않을까?

무인 속도측정기

어떻게 자동차의 속도를 측정할까?

그림 3.2.3

무인 속도측정기는 특정한 지점의 순간적인 속도를 측정하는 기계가 아닌가? 그 특정 지점이란 것은 점으로 표현되므로 거리라는 개념이 사라지게 돼. 길이로 표현하면 0이 되겠지. 또한 이 점을 지나는 시간이라는 것도 하나의 점이니까 시간 역시 0초 만에 통과한다고 볼 수밖에 없지 않나? 그러면 0÷0? 0으로 0을 나눌 수는 없어. 계산이 불가능하잖아! 하, 속도측정기는 어떻게 자동차의 속도를 측정하는 것일까?(그림 3.2.3)

그래, 직접 속도 감시기를 찾아가서 살펴보면 뭔가 떠오를지 몰라.

함수의 의미

속도나 가속도는 시간이란 변수에 의해 영향을 받는데, 이렇게 어떤 변수에 영향을 받는 변수를 **종속변수(속도 v, 가속도 a)**라 하며, 영향을 주는 시간과 같은 변수를 **독립변수(시간 t)**라 칭한다. 독립변수(t)에 의해 종속변수(v, a)의 값이 정해지는 이러한 관계를 **함수(函數, function)**라고 한다. 정리하면 두 변수 x, y에 있어서 x의 값을 정하면 그에 따라서 y의 값이 정해질 때, y는 x의 함수라 정의한다. 마치 x라는 주인의 명에 따라 움직이는 하인 y와 같은 주종관계라 생각해도 되겠다. 등가속도운동에서 보면 가속도, 속도, 거리가 시간의 함수로 다음과 같이 표현됨을 살펴보았다.

가속도 $a = a_0$ (일정한 상수로 시간에 대해 변하지 않는다.)

속도 $v = a_0 t$ (일차함수의 꼴로 시간에 대해 일정하게 증가한다.)

거리 $x = \frac{1}{2} a_0 t^2$ (이차함수로 시간의 제곱의 꼴로서 포물선의 형태이다.)

위의 관계는 t가 독립변수이고 가속도(a), 속도(v), 거리(x)가 종속변수가 된다.(그림 3.2.4)

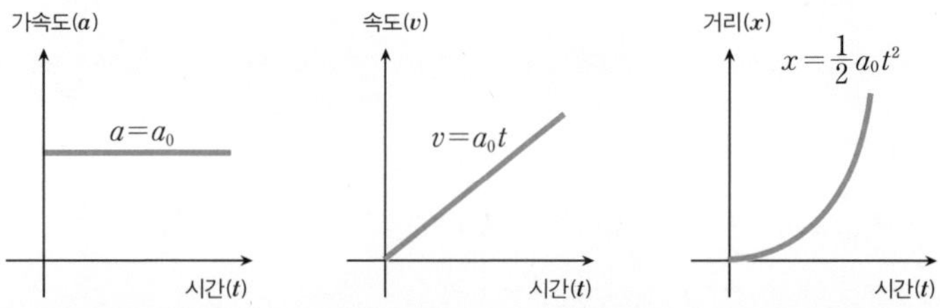

시간-가속도 그래프 시간-속도 그래프 시간-거리 그래프

등가속도운동의 경우 그림 3.2.4

03
자동차 속도 측정의 원리

(델타는 토요일 아침 쉬고 있는 아버지를 졸라 차를 타고 집을 나섰다. 복잡한 시내를 벗어나 뻥 뚫린 고속도로에 진입하고 얼마되지 않아 내비게이션에서 이런 안내음성이 나왔다.)

"약 1km 전방에서 과속에 주의하십시오. 제한속도 100km 구간입니다."

좋았어! 드디어 나왔어.

(하지만 순간적으로 지나간지라 알아낸 것이 아무것도 없었다.)

뭐야? 잘 모르겠어. 너무 순식간이잖아. 근처에 차를 세워두고 살펴봐야 하나? 위험한데……. 고속도로 위에서 세워달라고 아버지한테 부탁했다가는 좋은 소리 못 들을 텐데. 어떻게 하지?

(얼마간의 시간이 흘렀다. 어느 순간 내비게이션에서 보이지 않던 숫자가 나타났다.)

응? 저 표식이 뭐지? 카운트다운 식으로 시간이 줄어들기 시작하는데 무슨 의미이지? 아! 구간속도 측정지역이로구나.

(구간속도 구간을 지나고 아버지가 휴게소에서 쉬었다 가자고 말씀하셨다. 델타는 내심 좋아했다. 생각을 차분히 정리해보고 싶었기 때문이다.)

구간속도 측정은 간단한 원리야. 어느 특정 지점에서의 속도측정 원리는 아직 모르겠지만 구간속도의 측정원리는 어려울 것이 없어. 가령 5km 떨어진 두 지점 A와 B의 구간에서는 평균시속 100km로 달려야 한다는 규정이 있다고 하자. 만약 규정 속도로 이 구간을 통과한다면 걸리는 시간은 다음과 같겠지.

$$T = \frac{5\text{km}}{100\text{km/hour}} = \frac{1}{20}\,\text{hour} = \frac{3600}{20}\,\text{sec} = 180\,\text{sec} = 3\,\text{min}$$

제한속도 이하로 달리면 이 구간을 통과하는 데 걸리는 시간은 3분 이상이 소요될 것이고, 3분이 채 되기도 전에 구간을 지나갔다면 제한속도 이상으로 달렸다는 것을 뜻하여 과속했는지의 여부를 판단할 수 있어. 구간의 길이는 정해져 있으므로 이 구간을 통과하는 시간만 체크하면 자동차가 어느 정도의 속도로 달렸는지를 쉽게 판별할 수 있단 말이지. 다시 말해 그림 3.3.1의 A지점에 센서를 달아 자동차가 지나간 시간(t_A)을 체크하고 B지점에 도착했을 때의 시간(t_B)을 측정한다면 어렵지 않게 속도를 알아낼 수 있다는 거야.

$$\text{자동차의 속도 } v = \frac{5\,[km]}{t_B - t_A\,[hour]}$$

그렇다면 한 지점에서의 속도는 어떻게 측정하나? 구간속도의 측정원리에서 유추해낼 수 있지 않을까? 그런데 순간속도는 어느 특정 지점의 속도이므로 길이가 0이라는 점이 난감한데? 0이 문제야.

그림 3.3.1

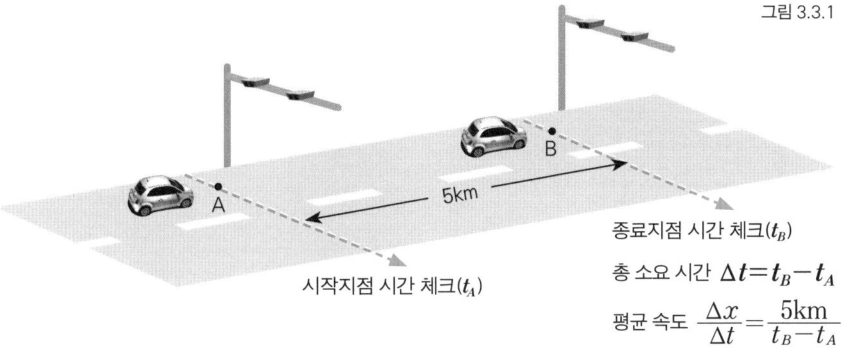

어쩔 수 없겠어. 내려서 한번 살펴보자.

(델타는 아버지에게 한적한 국도에 정차해 달라고 부탁한 후 한 곳에 위치한 속도 감시기를 유심히 조사하였다.)

속도 감시기가 꽤 높이 설치되어 있어 자세히 보이지 않네. 멀어서 정확하지 않지만 카메라는 사진 찍는 역할 정도만 하는 것 같아. 저 카메라가 어떻게 속도를 측정할 수 있다는 거지? 그러고 보니 감시기 앞쪽의 도로에 인위적으로 무슨 표식 같은 게 있는데?(그림 3.3.2) 똑같은 표식이 두 군데나 있잖아. 그래! 다른 속도 감시기를 살펴봐야겠어.

(뭔가 깨달은 바가 있던 델타는 다른 속도 감시기를 살펴보러 갔다.)

여기 속도 감시기 앞에서도 어떤 간격을 두고 두 표식이 도로에 박혀 있어. 만약에 저 표식이 자동차가 지나는지를 확인하는 센서라고 하면 두 지점에서 지나는 시점을 체크하게 될 것이라고. 그러면 두 지점 사이의 거리는 이미 정해져 있으므로 평균속도를 알 수가 있겠지. 이런, 구간속도 측정원리와 같잖아! 단지 거리만 짧아졌다는 점 말고는 차이가 없어. 원리가 똑같다면 거리의 차이가 어떤 역할을 하게 되는 것일까?

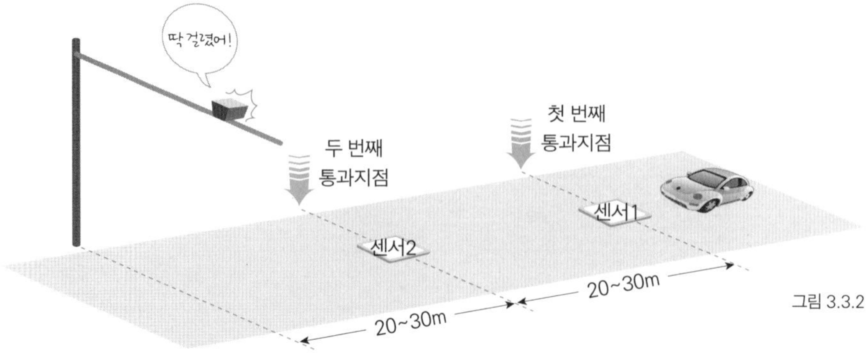

그림 3.3.2

무인카메라 전방 20~30m 앞에는 도로에 일정 간격을 두고 속도를 읽는 두 개의 센서가 설치되어 있는데, 센서 사이의 거리와 자동차가 그 사이를 지나는 시간을 이용해 속도를 측정하게 된다. '속도=거리/시간'이라는 공식에 따라 센서를 통해 과속이 인지되면 곧바로 카메라가 작동하여 사진을 찍는다.

구간측정에서 구간의 거리를 줄였을 때를 상상해보자. 5km의 구간이 아니고 100m의 거리에서 구간속도를 측정한다고 하면 마찬가지로 구간 100m를 통과하는 데 걸리는 시간으로 거리 100m를 나누면 평균속도를 얻게 될 거야. 운전자의 입장에서는 5km 구간과 비교하여 이런 사실을 깨닫겠지. 5km 구간에서는 충분히 속도를 바꿔가면서 차량을 운행할 수 있지만 100m 구간에서는 속도를 바꾸기가 상당히 힘들다는 사실을. 다시 말해 5km 구간에서는 시속 150km로 달려가더라도 중간에 속도를 줄여가면서 평균속도를 시속 100km로 조절이 가능하지만, 100m 구간일 때 속도가 150km이면 과속딱지를 떼지 않으려고 급브레이크를 밟아 속도를 뚝 떨어뜨려야 할 거야.

(델타는 자신이 운전하고 있다는 상상을 하며 계속 생각을 펼쳐나갔다.)

구간 사이를 더욱 좁혀서 10m일 때 이 구간을 시속 150km로 통과한

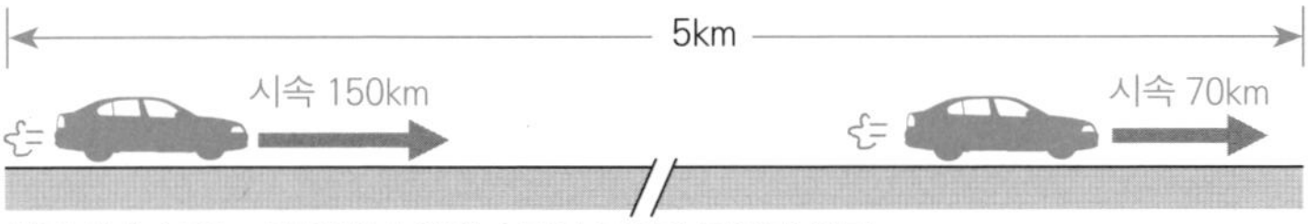

평균 시속 100km를 맞추기 위해 속도를 조절할 여유가 있다.

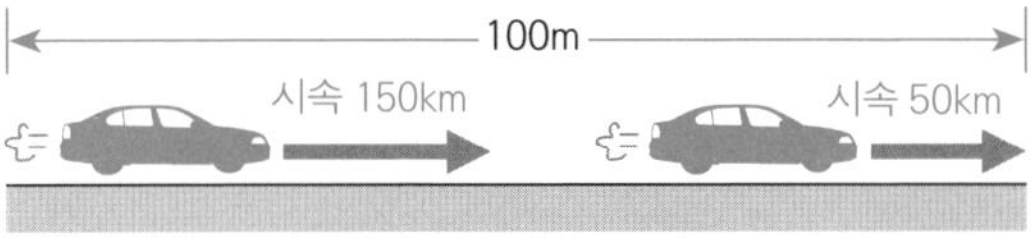

평균시속 100km를 맞추려면 속도를 급작스럽게 줄여야 한다.

그냥 과속 딱지를 떼인다.

그림 3.3.3

다면 어떻게 될까? 10m의 거리에서 속도를 줄인다는 것은 불가능하기 때문에 방법이 없어. 급정거하느니 그냥 딱지 떼여서 범칙금을 내는 것이 나아.(그림 3.3.3) 잘못했다가 사고가 나면 큰일이잖아.

이런 관점에서 유추해보니 분명 구한 것은 평균속도이지만 구간을 줄일수록 자동차 속도의 변화의 폭은 크게 줄어들 수밖에 없으므로 아주 좁은 구간에서는 자동차의 속도가 일정하다고 가정할 수 있지 않을까?(그림 3.3.4) 맞아, 자동차의 어느 순간의 속도를 정확히 알아낼 수는 없겠지만 구간을 3m, 2m로 줄이게 되면 비록 평균속도를 구한 것이지만 그 지점의 순간속도의 값과는 차이가 거의 없는 셈이잖아. 자동차의 순간속도 측정은 바로 이 원리를 이용한 거야. 얻은 것은 평균속도이긴 하지만 사실상 순간적인 속도라고 볼 수 있는 거지. 구간을 아주 작게 하여 실제의 순간속도의 값에 가까운 값을 대략적으로 얻어낸다? 경이롭네.

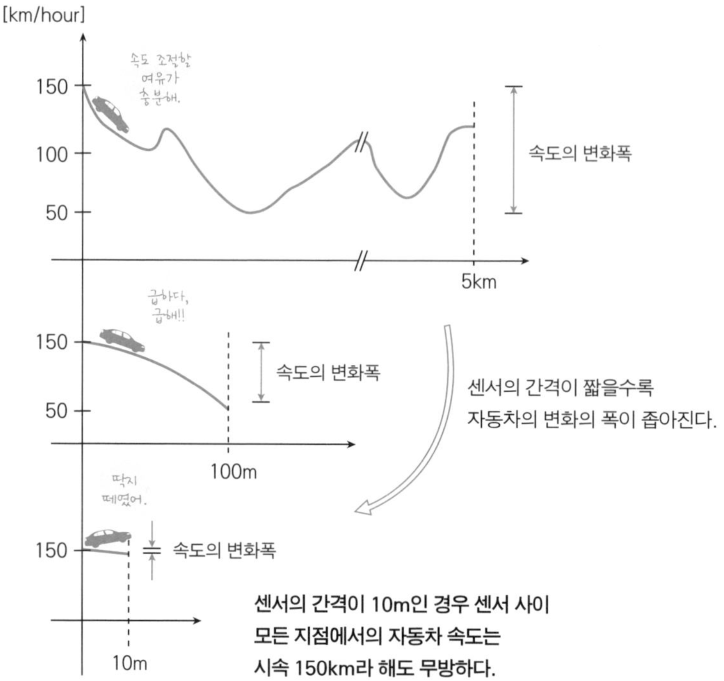

그림 3.3.4

그렇지만 아무리 구간을 줄인다 해도 실제속도의 값은 아니지 않는가!

04
생각의 도식화

어느 한 지점의 속도를 어떻게 구할 수 있을까? 구간을 아무리 줄여도 실제의 값을 구한 것은 아니잖아. 그렇다면 전혀 다른 방법으로 접근해야 하는 것인가? 아니야, 여기까지 생각해낸 것도 쉽지 않았는데……. 좀 더 이 방법에 대해 숙고해보고 나서 정 아니다 싶으면 그때 다른 방법을 찾아보자. 일단 이 생각을 시각화하는 방법은 없을까? '백문이 불여일견'이라는 말도 있잖아. **실제로 이미지화해서 구체적인 그림으로 눈앞에 보여주면 생각하기도 편하고 이해의 폭도 넓어지니까.**

자동차의 속도 정보를 얻어낼 수 있다는 것은 시간에 따른 거리의 정보를 가지고 있다는 말이야. 그리고 이 정보를 시각화하는 가장 좋은 방법은 좌표평면에 도시하는 거야. 시간을 독립변수, 거리를 종속변수로 해서 두 변수에 대한 변화의 양상을 그래프로 나타낼 수 있거든. 등가속도운동처럼 거리가 시간의 이차함수이면 포물선 모양으로 좌표에 도시할 수 있듯이 말이야.((2)절의 그림 3.2.4 참조) 실시간으로 자동차의 위

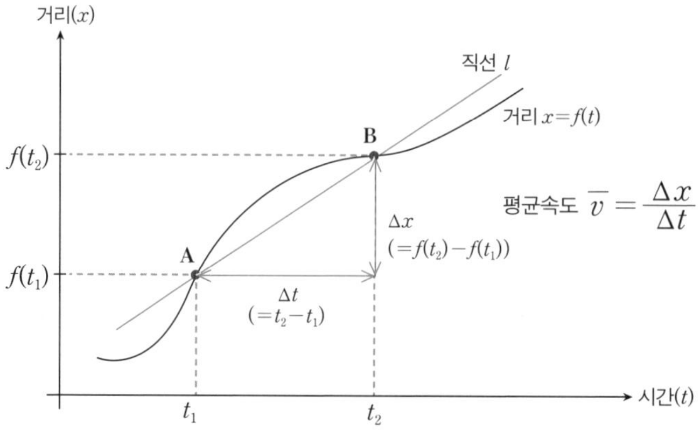

그림 3.4.1

치를 분석하여 얻어진 값을 시간과 거리의 좌표계에 표시한 것이 그림 3.4.1과 같다고 가정해보자.

이제 두 지점 A와 B에 센서를 두어 두 지점 사이의 평균속도를 구해보면, 거리 x의 시간에 대한 변화의 함수 $x=f(t)$에서 두 개의 점 $A(t_1, f(t_1))$과 $B(t_2, f(t_2))$에 대한 정보가 주어져 있으므로, 시간의 간격은 $\Delta t=t_2-t_1$, 움직인 거리는 $\Delta x=f(t_2)-f(t_1)$가 되어 평균속도 $\overline{v}$는 다음과 같아져.

$$\overline{v}=\frac{\Delta x}{\Delta t}=\frac{f(t_2)-f(t_1)}{t_2-t_1} \tag{3.4.1}$$

음? 그러고 보니 두 점 A, B를 잇는 직선 l을 보면 이 직선의 기울어지는 정도가 평균속도의 크기를 이야기하고 있는 게 아닌가? 그림 3.4.2처럼 속도가 크다는 것은 같은 시간의 간격에서 움직인 거리가 크다는 뜻이야. 직선의 기울기도 Δx를 Δt에 나눈 것과 관계가 있거든. 아하, **시간과 거리의 좌표계에서 직선의 기울기가 곧 속도를 의미하겠구나.**

앞의 절에서 얻은 지혜에 따라 측정 구간을 좁혀나가면 점 A에서의 실

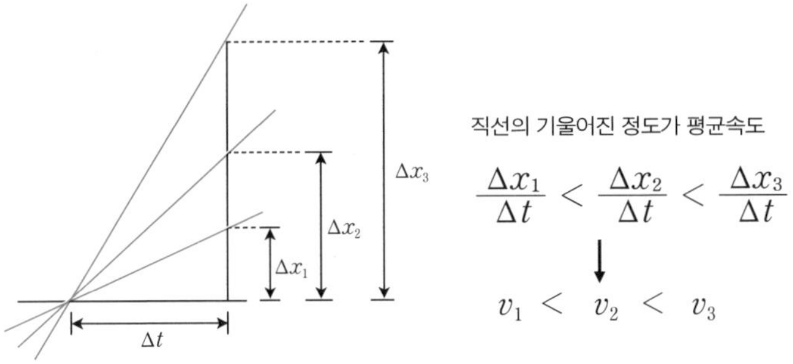

그림 3.4.2

제 속도 값에 가까운 평균속도를 구할 수 있을 거야. 즉, 속도의 변화를 줄 수 없을 정도로 거리의 폭을 좁혀야 되겠지. 이 과정을 도식화하면 그림 3.4.3에서처럼 t_2가 t_1에 계속 접근한다는 것과 같은 맥락이 될 거야.

어? 시간의 간격을 좁히면서 생기는 직선의 추이를 보니 점 B가 A에 가까워질수록 A에 접하는 직선에 한없이 가까워져가네? 그러면 이 접선의 기울어지는 정도가 점 A에서의 순간속도라는 것인가? 그래, 점 A에서

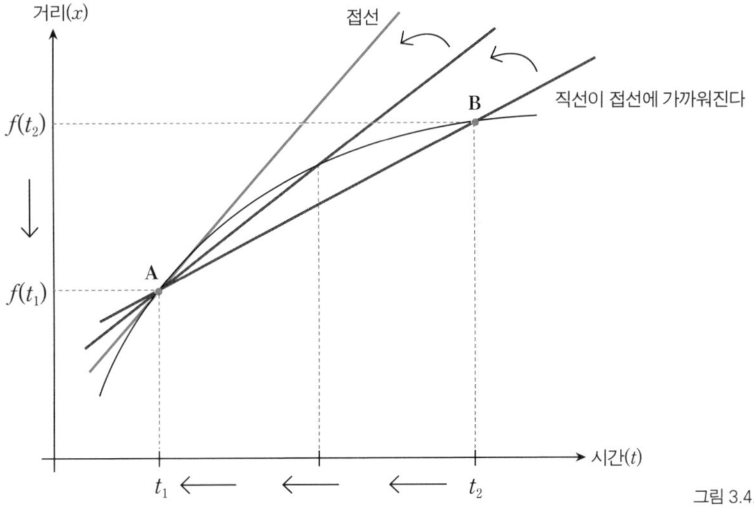

그림 3.4.3

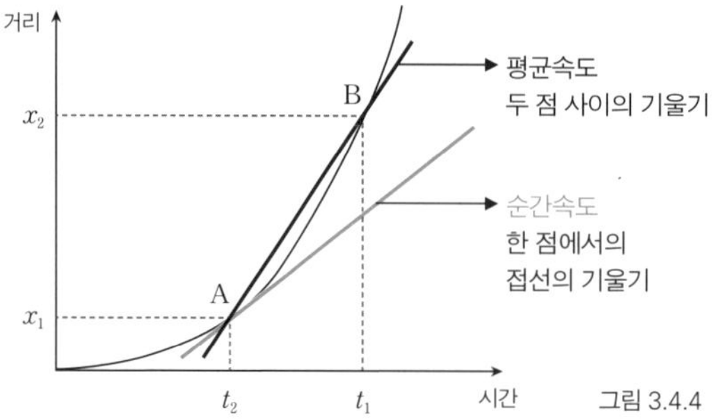

그림 3.4.4

의 접선의 기울기가 구하고자 하는 순간속도야. 하지만 계산을 통해 구할 수도 있는 것인가?

(델타는 새롭게 알아낸 사실과 의문점으로 가슴이 쿵광쿵광 방망이질 쳤다. 확실히 순간속도를 구할 수 있는 길은 존재하는 듯 보였다. 그러나 이 방법이 옳은지에 대한 확신은 아직 없었다.)

혹시 이러한 생각의 흐름을 수학적 기호로 처리해놓지 않았을까? 찾아봐야겠어.

미분계수

$y=ax+b$의 꼴로 나타내질 때 y를 x의 일차함수라 하고, 이를 그래프로 표현하면 항상 직선의 꼴로 나타나게 된다.(그림 3.4.5) 여기서 a는 직선의 기울어지는 정도를 나타내며 **기울기**라 한다. 즉, a는 x의 변화량 Δx에 대해 y의 변화량 Δy의 비이다.

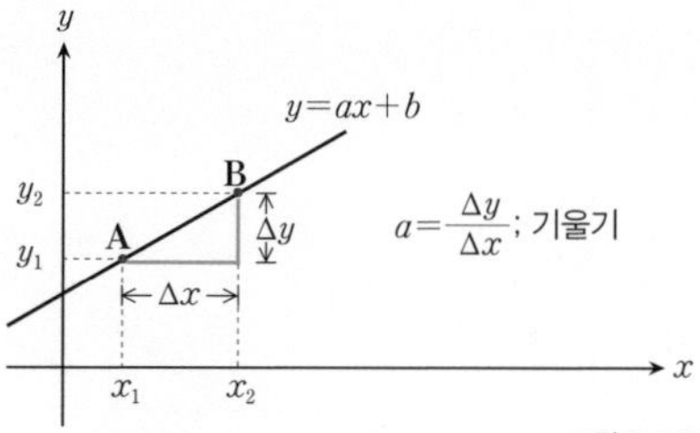

그림 3.4.5

$$\text{기울기 } \boldsymbol{a}=\frac{\boldsymbol{\Delta y}}{\boldsymbol{\Delta x}}$$

(Δx는 x의 변화량 $\Delta x=x_2-x_1$, Δy는 y의 변화량 $\Delta y=y_2-y_1$)

따라서 본문에서의 그림 3.4.1처럼 두 점 $A(t_1, f(t_1))$, $B(t_2, f(t_2))$가 있을 때, 두 점을 잇는 직선의 기울기가 곧 평균속도로서 다음과 같다.

$$\text{평균속도 } \frac{\Delta x}{\Delta t} = \frac{f(t_2) - f(t_1)}{t_2 - t_1}$$

이때 점 B를 한없이 A에 접근시킬 때 두 점 $\overline{AB}$를 잇는 직선은 점 A에서의 접선에 가까워진다. 점 B가 점 A에 가까워진다는 것은 시간 t_2가 t_1에 가까워진다는 것으로 해석할 수 있고, 수학에서는 다음과 같이 간략하게 기호로 표시한다.

$$t_2 \to t_1 \text{ 혹은 } \lim_{t_2 \to t_1}$$

따라서 점 B가 점 A에 가까워질 때$\left(\lim_{B \to A}\right)$ 혹은 시간 t_2가 t_1에 접근할 때$\left(\lim_{t_2 \to t_1}\right)$ 두 점을 잇는 직선의 기울기는

$$\lim_{t_2 \to t_1} \frac{\Delta x}{\Delta t} = \lim_{t_2 \to t_1} \frac{f(t_2) - f(t_1)}{t_2 - t_1} \tag{3.4.2}$$

로 표현할 수 있고, 위의 식이 가까워지는 **극한값**이 곧 점 A에서의 접선의 기울기로서 순간속도가 된다. 이 접선의 기울기를 '**미분계수(微分係數)**'라 한다. 또한 $\Delta t = t_2 - t_1$은 0에 한없이 가까워지는 것이므로 이를 **무한소(無限小, infinitesimal)**라 한다. 무한히 큰 수를 **무한대**라고 하는 것과 반대되는 개념이다. 이 무한소가 앞으로의 논의에 핵심적인 역할을 한다.

05

알쏭달쏭 무한소

미분계수라! 드디어 미분이 이용되는 건가? 아직 정확히 미분이 무엇인지는 몰라도 접근이 틀리지 않다는 말인가봐. 좋았어. 그건 그렇고 무한소는 뭐지? 0에 한없이 가까워지는 수라고 하는 것이 무슨 의미이지? 0이 아니라는 것인가? 그럼 어떤 수이지?

흠, 다음과 같이 서서히 0에 가까워지는 경우를 직접 살펴보자.

$$0.1, 0.01, 0.001, 0.0001, \cdots$$

분명 한 단계 진행할 때마다 0에 더 근접하지만 끝이 없는 과정이야. **아무리 '0에 가장 가까운 수'라 제시한다 하더라도 그 수보다 더 작으면서 0에 가까운 수를 충분히 만들어낼 수 있어.** 결국 무한소는 0이 아니라는 것인데……. 그럼 도대체 어떤 수야? 표현이 불가능하잖아.

(무한소라는 새로운 개념에 혼란스러워하던 델타에게 한 가지 생각이 떠올랐다.)

어? 0.1, 0.01, …로 되는 것은 $1-0.9$, $1-0.99$, …으로 표현할 수 있지 않나? 여기서 0.999…로 끝없이 가는 수는 도대체 어떤 수지? 1인가?

아! 맞아, 1을 3으로 나누면 0.333…으로 끝없이 진행하는 수이지. 여기에 3을 곱하면 어떻게 되나?

$$\frac{1}{3}=0.333\cdots \longrightarrow 3\times\frac{1}{3}=3\times0.333\cdots$$

$$\longrightarrow 1=0.999\cdots \longrightarrow 1-0.999\cdots=0.000\cdots(?)$$

이 점에 착안하면 확실히 무한소는 0이라 할 수 있겠어. 그렇다면 식 (3.4.2)는 분자, 분모가 $0\div0$이 되어 계산이 불가능해지잖아.

하지만 **간격을 0에 가깝게 할수록 접선의 기울기에 근접한다는 의미는 값이 존재하는 것이므로 계산이 가능하다**는 이야기인데……. 이해가 되지 않아. 역시 이럴 때는 원시적이지만 간단한 몇 가지 계산을 직접 해보면서 유추하는 게 좋겠어.

먼저 0.1, 0.01, 0.001, …과 같이 0에 한없이 가까워지는 수, 다시 말해 0에 수렴하는 무한소를 t라는 변수로 놓자. 그다음 분자와 분모를 t의 함수의 꼴이 되면서 모두 0에 수렴하도록 잡는 거야. 이 조건에 맞게 분자는 t^2+t의 형태로, 분모는 $2t^3$의 꼴로 변화한다고 하면 두 값 모두 0에 수렴하므로 현재의 논의에 벗어나지 않아.

(델타는 일일이 계산한 몇 가지 결과를 표에 일목요연하게 정리했다.)

표 3.5.1 $\lim_{t \to 0} \frac{t^2+t}{2t^3}$의 근삿값 계산

t	분자(t^2+t)	분모($2t^3$)	분자÷분모
0.1	0.11	0.002	55
0.01	0.0101	0.000002	5050
0.001	0.001001	0.000000002	500500
0.0001	0.00010001	0.000000000002	50005000
…	…	…	…
	0에 수렴	0에 수렴	∞(무한)

어? 분자와 분모 모두 0에 가까워지지만 분자를 분모로 나눈 값은 t값이 작아질수록 오히려 한없이 커지는데? 도대체 어떻게 된 일일까? 0에 수렴하는 두 개의 값을 가지고 단지 나누기만 했는데 결과의 값은 엄청나게 커지고 있잖아.

반대로 나눈다면 어떨까? 즉, 분자를 $2t^3$이라 하고, 분모를 t^2+t이라고 해보자.

표 3.5.2 $\lim_{t \to 0} \frac{2t^3}{t^2+t}$의 근삿값 계산

t	분자($2t^3$)	분모(t^2+t)	분자÷분모
0.1	0.002	0.11	0.01818…
0.01	0.000002	0.0101	0.0001980198…
0.001	0.000000002	0.001001	0.000001998001998…
0.0001	0.000000000002	0.00010001	0.0000000199980001998…
…	…	…	…
	0에 수렴	0에 수렴	0에 수렴

분자와 분모를 바꾸기만 했는데 이번에는 분수의 값이 0에 점점 가까워지는걸. 왜 이런 일이 생긴 걸까? 분모와 분자 모두 0에 수렴하는데 나눈 값은 무한대가 되기도 하고 0에 수렴하기도 해.

하긴 계산을 직접 하다보니 느꼈지만 이해가 가는 면이 있어. t의 값이 0에 근접할수록 $2t^3$이 t^2+t보다 훨씬 빠르게 0에 가까워지거든. 즉 $t \longrightarrow 0$일 때 분자, 분모 모두 0에 수렴하지만 가까워지는 비율에 차이가 발생하고 있어. 이러한 연유로 하나는 무한대가 나오고 다른 하나는 0에 수렴하는 결과가 나온 것이 아닐까? 분명 t^3이 들어간 항이 t^2+t보다 빠르게 0에 가까워지거든.

이 결과를 해석하자면 무한소는 0이라 처리할 수 있는 알 수 없는 존재이지만, 두 개의 무한소를 나눌 때에는 상황이 달라진다는 점이야.

확실한 것은 식 (3.4.2)는 0÷0이 아니라 무한소÷무한소라는 점이야.

미분의 정의

x에 대한 함수 $f(x)$에서 x가 a로 한없이 다가갈 때 $f(x)$도 어떤 값 L에 한없이 가까워질 때 $f(x)$는 L로 **수렴**한다고 하며 다음과 같이 표시한다.

$$\lim_{x \longrightarrow a} f(x) = \mathrm{L} \tag{3.5.1}$$

특히 함수 $f(a)$의 값이 존재하여 위의 극한값 L과 같을 때 함수 $f(x)$는 $x=a$에서 **연속**이라 정의한다. 수학적 표현은 다음과 같다.

$$f(a)=\lim_{x \longrightarrow a} f(x)$$

한편 극한에서 $\frac{0}{0}$ 꼴은 **무한소를 무한소로 나눈다는 것을 뜻한다.** 즉, 분자와 분모에 0이 아니라 한없이 0에 가까워지는 값을 대입시켜가면서 두 무한소를 나눈 값의 비가 어떤 값에 수렴하는가를 의미한다.

이러한 발상에 따라 식 (3.4.2)는 다음과 같이 표현이 가능하다. $x=f(t)$에서 그림 3.5.1과 같이 $t_1=t, t_2=t+\Delta t$로 나타내면 분모의 $t_2 \longrightarrow t_1$라는 것은 곧 $t+\Delta t$가 t에 접근하는 것이므로 $\Delta t \longrightarrow 0$임을 뜻한다. 그리고 분자의 변화량 Δx는

$$\Delta x=f(t+\Delta t)-f(t)$$

이므로, 식 (3.4.2)는 다음과 같이 나타낼 수 있다.

$$\lim_{\Delta t \longrightarrow 0} \frac{\Delta x}{\Delta t} = \lim_{\Delta t \longrightarrow 0} \frac{f(t+\Delta t)-f(t)}{\Delta t}$$

$\lim_{\Delta t \longrightarrow 0}$이라는 기호도 생략해 기호로 표현하면,

$$\lim_{\Delta t \longrightarrow 0} \frac{\Delta x}{\Delta t} = \frac{\delta x}{\delta t}$$

이다. 즉, 어느 지점에서의 순간 속도란 x와 t의 무한소 δx, δt의 비율을 구한다는 것이다. 이렇게 $\frac{\delta x}{\delta t}$를 얻어내는 과정이 '**미분(微分)**'이다. (여기서 δ는 Δ의 소문자로 '델타'라고 읽는다.)

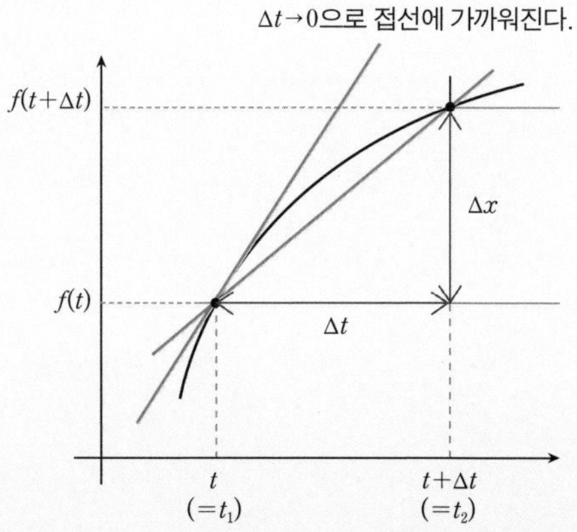

그림 3.5.1

06

순간속도 구하는 방법

δ? 혹시 박사님이 나에게 붙여준 델타가 이 δ가 아닐까? 바로 무한소를 뜻하는 δ.

(가슴 뿌듯함을 느낀 델타는 자신감이 더욱 충만해져 그동안 얻었던 정보들이 하나의 그물망을 형성하면서 생각의 진화를 거듭해간다.)

지금까지 알아본 바로는 무한소를 무한소로 나눌 때 0에 가까워질 수도 있고 무한대로 발산할 수도 있었어. 그렇다면 0이 아닌 어떤 수에 수렴하는 경우는 없을까? 앞 절의 경험을 살리면 분자와 분모가 모두 같은 비율로 0에 수렴하는 무한소가 될 때 그러할 것 같아.

이렇게 해보자. 분자를 $2t$, 분모를 t^2+t로 놓고 좀 전의 경우와 같이 계산해보는 거야.

표 3.6.1 $\lim_{t \to 0} \frac{2t}{t^2+t}$의 근삿값 계산

t	분자($2t$)	분모(t^2+t)	분자÷분모
0.1	0.2	0.11	1.8181818…
0.01	0.02	0.0101	1.98019801980…
0.001	0.002	0.001001	1.99800199800…
0.0001	0.0002	0.00010001	1.9998000199980000
…	…	…	…
	0에 수렴	0에 수렴	2에 수렴

확실히 분자와 분모의 무한소가 어떤 식으로 변화하느냐에 따라 분자와 분모를 나눈 값이 달라져. 이번에는 2라는 값에 수렴하고 있잖아! 분자와 분모를 뒤집어서 계산한다면 직접 해보지 않더라도 $\frac{1}{2}$에 수렴할 것이 확실해.

정리하면 t의 제곱이냐 세제곱이냐에 따라, 즉 t의 차수와 관계되어서 0에 수렴하는 비율의 차이가 발생하고 있고, 차수가 적을수록 0에 접근하는 속도가 작은 반면 차수가 크면 더 빠르게 0에 수렴해.

이제 이 경험을 바탕으로 순간속도, 즉 접선의 기울기의 계산이 과연 가능한지 알아볼 필요가 있겠어. 거리를 시간에 대해 미분한 것이 곧 속도가 되니까 다음의 식처럼 표현되어야겠지.

$$v = \frac{\delta x}{\delta t} = \lim_{\Delta t \to 0} \frac{\Delta x}{\Delta t} \tag{3.6.1}$$

시간의 함수인 거리 $x=f(t)$를 어떻게 놓는 것이 좋을까? 그래, 등가속도운동의 경우에 대해 살펴보는 것이 좋겠어. 아무렇게 $f(t)$를 놓으면 계

산한 결과가 맞았는지 판단하기가 곤란할 수 있을 것 같거든. 반면 등가속도운동에 대한 정보는 이미 2장에서 다뤄서 알고 있으니까 식 (3.6.1)로부터 나올 결과가 무엇인지 충분히 예상할 수 있지. 등가속도운동에서 거리는 시간에 대해 다음과 같았어.

거리 $x=f(t)=\frac{1}{2}at^2$

속도 $v=at$

따라서 식 (3.6.1)에서 $v=at$가 나와야 할 거야. 분명 이 예측이 맞을 거란 확신은 있지만 그래도 긴장되네.

$$v=\lim_{\Delta t\to 0}\frac{f(t+\Delta t)-f(t)}{\Delta t}$$

Δt는 무한소이므로 0으로 수렴해야겠지. 이제 분자만 정리해주면 방금까지 했던 분모의 무한소로 분자의 무한소를 나누는 상황이 생길 거야. 분자만 따로 계산해볼까?

$$\begin{aligned} f(t+\Delta t)-f(t) &= \frac{1}{2}a(t+\Delta t)^2-\frac{1}{2}at^2 \\ &= \frac{1}{2}a(t^2+2t\cdot\Delta t+(\Delta t)^2)-\frac{1}{2}at^2 \end{aligned}$$

$$\therefore f(t+\Delta t)-f(t)=at\cdot\Delta t+\frac{1}{2}a(\Delta t)^2$$

따라서 속도 v는 식 (3.6.1)에 의해 다음과 같이 되겠지.

$$v=\lim_{\Delta t\to 0}\frac{at\cdot\Delta t+\frac{1}{2}a(\Delta t)^2}{\Delta t}=\lim_{\Delta t\to 0}\left(at+\frac{1}{2}a\cdot\Delta t\right)=at \qquad (3.6.2)$$

좋았어. 아주 훌륭해. 예측한 결과가 나왔어. 미분을 이용해서 거리의 정보로부터 속도를 알 수 있구나. 거리를 미분하면 속도를 알게 되니까,

그렇게 **유추한다면 속도를 미분하면 가속도가 나와야 하네.** 가속도는 시간에 대한 속도의 변화이기 때문에 속도의 무한소를 시간의 무한소로 나누면 가속도가 되므로 결국 속도를 미분하면 가속도 $a(t)$를 얻을 수 있다는 뜻이야.

$$a(t)=\frac{\delta v}{\delta t}=\lim_{\Delta t \longrightarrow 0}\frac{a\cdot(t+\Delta t)-at}{\Delta t}=\lim_{\Delta t \longrightarrow 0}\frac{a\cdot\Delta t}{\Delta t}=a$$

재밌네, 미분이란 것이. 등가속도운동에서만 보면 거리가 시간의 제곱에 비례하니까 미분으로 구해지는 속도는 시간에 비례하게 되고, 그것을 또 미분한 가속도는 시간과는 무관한 상수가 나오네.

그런데 꼭 이런 경우만 발생하지는 않을 거야! 거리가 시간의 3제곱이나 4제곱에 비례하면 어떻게 될까?

일반화시켜서 종속변수 y가 독립변수 x의 n제곱에 비례할 때, 즉 $y=x^n$에 대한 미분은 어떤 결과가 나오게 될까?

도함수의 의미

임의의 함수 $y=f(x)$에 대해 식 (3.5.1)과 같이 독립변수 x로 미분해 얻어진 함수를 '**도함수(導函數)**'라 하며 다음과 같이 표현한다. ( )′는 ( )를 미분한다는 뜻이다.

$$f'(x)=\frac{dy}{dx}=\lim_{\Delta x\to 0}\frac{\Delta y}{\Delta x}=\frac{f(x+\Delta x)-f(x)}{\Delta x} \tag{3.6.3}$$

본문에서는 $\frac{\delta y}{\delta x}$로 표현했지만 현대에 이르러서는 $\frac{dy}{dx}$로 표시하고 있다.

도함수를 한 번 더 미분한 함수를 **'이계도함수'**라 한다.

$$f''(x) = \frac{d}{dx}\left(\frac{dy}{dx}\right) = \frac{d^2y}{dx^2}$$

함수를 두 번 미분한 것 외에 3번, 4번 등 여러 번 미분하는 경우도 발생하는데 그것을 수식으로 일일이 적는 것은 매우 번거롭다. 그래서 다음과 같이 축약해서 쓴다.

$$\overbrace{\frac{d}{dx}\left(\frac{d}{dx}\cdots\left(\frac{dy}{dx}\right)\right)}^{n\text{번}} = \frac{d^ny}{dx^n} \qquad (3.6.4)$$

07

다항함수의 도함수

거리가 시간의 2차 함수, 이것을 미분한 속도는 시간의 1차 함수, 그리고 가속도는 상수항(시간의 0차 함수)이 된 사실에 미루어 짐작하면 **미분은 차수를 하나 줄이는 역할**을 한다고 볼 수 있겠어. 따라서 $y=x^n$을 미분해서 얻어지는 도함수는 x^{n-1}의 꼴이 될 거야. 예상이 맞는지 직접 확인해보자.

(텔타는 도함수를 구하는 (3.6.3)의 식에 $f(x)=x^n$으로 놓고 풀기 시작했다.)

$$f'(x)=\frac{dy}{dx}=\lim_{\Delta x \longrightarrow 0}\frac{(x+\ \Delta x)^n-x^n}{\Delta x} \tag{3.7.1}$$

흠……. 우변의 분자식에서 $(x+\Delta x)^n$은 어떻게 처리해야 하나?

$(x+\Delta x)^n$이란 것이 $x+\Delta x$를 n번 곱했다는 것인데 전개가 만만치 않아.

(한참을 고민하던 델타는 **차수가 적은 것부터 전개하여 흐름을 파악**해보기로 했다.)

그래, 간단한 것에서 복잡한 것을 유추하는 방법으로 접근해보자. 작은 차수의 제곱에서부터 차례대로 일일이 계산해야겠어.

$$\begin{aligned}\frac{(x+\Delta x)^2-x^2}{\Delta x}&=2x+\Delta x\\ \frac{(x+\Delta x)^3-x^3}{\Delta x}&=3x^2+3x\Delta x+(\Delta x)^2\\ \frac{(x+\Delta x)^4-x^4}{\Delta x}&=4x^3+6x^2\Delta x+6x(\Delta x)^2+(\Delta x)^3\end{aligned}\qquad(3.7.2)$$

좀 전의 예상만으로 추측하면 2차의 함수에 대한 도함수는 차수가 1이고, 3차의 도함수는 2차, 4차의 도함수는 3차가 될 것이란 말이야. 그렇게 되려면 (3.7.2)의 식들에서 오른쪽 변의 맨 앞 점선 부분의 항만 남고 나머지는 소거되어야겠지. 어떻게 하면 소거할 수 있을까?

아, 이런! 다 구해놓고 헤매었네. Δx가 0에 수렴하는 무한소이니까 (3.7.2)의 세 식에서 우변의 첫 항을 뺀 나머지는 모두 소거되잖아.

$$(x^2)'=\lim_{\Delta x\to 0}\frac{(x+\Delta x)^2-x^2}{\Delta x}=2x$$

$$(x^3)'=\lim_{\Delta x\to 0}\frac{(x+\Delta x)^3-x^3}{\Delta x}=3x^2$$

$$(x^4)'=\lim_{\Delta x\to 0}\frac{(x+\Delta x)^4-x^4}{\Delta x}=4x^3$$

(한참 위의 세 개의 식을 살펴보던 델타는 하나의 패턴을 찾아내는 데 성공했다.)

아, 이런 규칙이 숨어 있었네. 그러니까 x^2을 미분하면 $2x$가 되고 x^3은 $3x^2$, 그리고 x^4은 $4x^3$이 된다는 점에 미루어보면, 차수에 해당하는 수를 곱하고 x의 차수는 하나가 줄어든 격이잖아. 그러니까 x^n을 미분한 도함수는 다음과 같이 될 것으로 유추할 수 있겠어.

$$y=x^n \text{의 도함수는 } \frac{dy}{dx}=nx^{n-1} \tag{3.7.3}$$

휴, 미리 답이 어떨 것이라 예상하고 있었기에 다행이지, 그러지 않았으면 $(x+\Delta x)^n$의 전개 가지고 씨름할 뻔했네.

(어느 정도 미분에 익숙해지자 델타는 박사가 했던 말이 떠올랐다.)

달의 충돌시간을 구하려면 박사님이 삼각함수도 알아야 한다고 하셨어. 그러면 삼각함수의 미분법도 알아야 하지 않을까?

쉬어가기 코너

말도 안 돼!

일리가 있지만 그로부터 잘못된 결론을 도출하게 되는 논증을 '역설'이라 한다. 수학에서는 '제논의 역설'이 유명하다.

> 거북이보다 10배 빠른 속도로 달릴 수 있는 아킬레스가 거북이와 경주를 하고 있다. 단지 아킬레스는 거북이보다 10미터 뒤에서 출발한다. 아킬레스가 거북이가 출발한 위치까지 오면, 그동안 거북이는 1미터 전진했고, 다시 아킬레스가 1미터를 따라잡으면 그동안 거북이는 0.1미터 앞서 있게 된다. 아킬레스가 다시 이 거리를 따라잡으면 그동안 거북이는 0.01미터 앞서 있다. 이처럼 아킬레스가 앞서가는 거북이의 위치를 따라잡는 순간 거북이는 항상 앞서 있다. 따라서 아킬레스는 영원히 거북이를 따라잡을 수 없다!(그림 1)

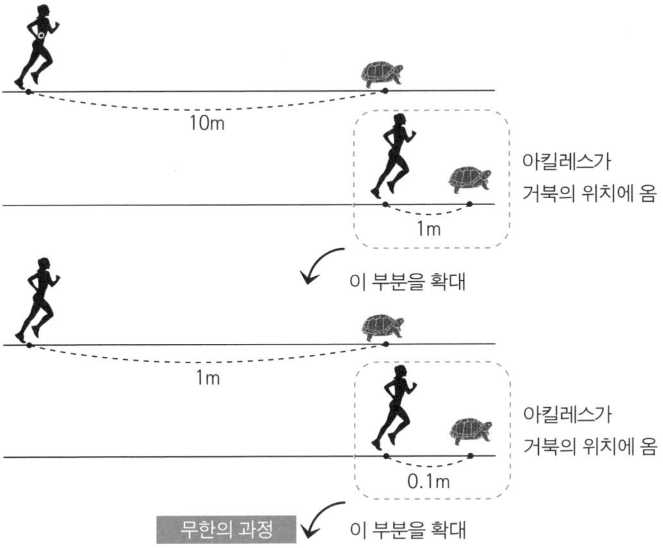

그림 1

아테네의 달리기 선수 아킬레스가 거북이를 절대 이기지 못한다고? 분명 틀린 주장인데 앞의 설명에 반박할 말이 딱히 없다. 이처럼 무한을 둘러싼 역설적인 이야기는 많다. 무한이란 것이 존재하지 않는 추상적인 개념이기에 그러할지 모른다. 이 같은 무한의 속성을 가장 논리적으로 접근한 사람이 바로 수학자 칸토어(Georg Cantor, 1845~1918)이다.

칸토어는 정사각형의 모든 점들이 길이 1의 선분과 일대일 대응이 가능하도록 다음과 같이 정의했다. 길이 1인 정사각형상의 모든 점을 좌표에 표시하면 0과 1 사이에 있는 x와 y의 쌍의 수로 표시가 가능하다. 그리고 x와 y의 좌표의 수들을 순서대로 하나씩 서로 엇갈려 새로운 하나의 수를 만들어내는 것이다. 예를 들면 (0.35102…, 0.25978…)과 같은 점을 그림 2와 같은 과정을 통해 선분위의 하나의 점에 대응시킨다.

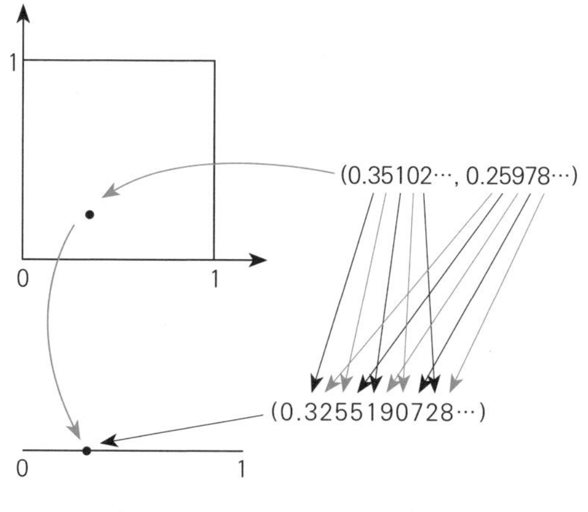

그림 2

그림 2의 과정을 일반화하면 다음과 같다.

$$(0.a_1a_2a_3a_4a_5\cdots,\ 0.b_1b_2b_3b_4b_5\cdots) \rightarrow 0.a_1b_1a_2b_2a_3b_3a_4b_4a_5b_5\cdots$$

그림 2처럼 이렇게 나타낸 수는 0과 1 사이에 있는 수가 되는데, 놀랍게도 정사각형상의 모든 점들을 이러한 방식으로 하나의 수로 나타내어 길이 1인 직선상의 점들과 1대 1 대응을 시킬 수 있게 된다. 일대일 대응이 가능하므로 1차원의 직선은 2차원의 정사각형만큼의 점이 있다고 칸토어는 결론지었다. 상식적으로 정사각형 내부의 점의 개수가 직선보다 더 많아야 할 것인데 결과는 차원의 붕괴가 일어났다. 이것을 어떻게 설명해야 하나?

무한개의 개수를 일대일 대응이라는 논리에 국한한 것에서 나온 이해하기 힘든 결과라고 볼 수 있다. 제논의 역설에서도 움직이는 물체에 대해 무한의 점을 이동하는 것으로 묘사한 것에서 논리적 모순이 생긴 것이다. 왜냐하면 점의 이동으로 보면 현재 위치하고 있는 점에서 가장 가까운 점으로 이동해야 하는데 그 점은 어떤 점인가? 가장 가까운 점이라고 내세워도 분명 그 사이에 또 다른 점이 존재할 수밖에 없지 않은가! 한마디로 이 논리대로 하면 아킬레스나 거북이는 단 한 발자국도 움직일 수 없어야 한다. 사실 점이란 것 자체가 굉장히 모호한 것으로 길이나 넓이도 없는 존재이다. 점으로 운동을 얘기한다는 것 자체가 말이 되지 않는 것이다.

연습문제

3.1

다음을 미분하여라.

(1) $y=2x^3-x+2$

(2) $y=12x^{\frac{3}{2}}-1$

3.2

다음의 극한값을 구하라.

(1) $\lim_{x\longrightarrow 2}\frac{x^2-4}{x-2}$

(2) $\lim_{x\longrightarrow 4}\frac{x-4}{\sqrt{x}-2}$

3.3

거리 x가 $x=t^3$의 관계를 가질 때 속도와 가속도를 시간의 식으로 구하라.

3.4

$(x+y)^n$을 전개할 때 $x^{n-1}y$의 계수가 n이 된다. 한편 $n-1$개의 바둑돌과 한 개의 흰 바둑돌을 일렬로 나열하는 경우의 수 역시 n이다. 이 두 사례가 같은 값이 나오는 이유를 비교하여 설명하라.

15세기 독일의 천문학자였던 레기오몬타누스는 삼각법 교과서의 서문에 '별의 움직임을 이해하고 싶은 사람은 삼각형의 이론을 공부해야 한다'라고 썼다. 그러한 생각이 잉태되어 탄생시킨 삼각함수가 미분과 적분을 만나면서 더욱 만개하여 현대에 이르러서도 그 위용을 떨치고 있다.

4장

그림으로 이해하는 삼각함수의 원리

삼각함수는 달의 충돌시간을 계산할 때 매우 긴요하게 활용된다. 이번 장에서는 삼각함수의 도입배경과 그 도함수를 구하는 과정을 소개한다. 도함수를 구하려면 삼각함수의 여러 공식이 필요하지만, 오직 기하학적 관점과 직관만으로 도함수를 구하는 과정을 소개할 것이다.

01
축척의 원리

삼각함수는 무엇일까? 학교에서 얼마 전에 배운 삼각비와 관련 있을 것 같은데 대충 하고 넘어가서 거의 기억이 나질 않아. 고대 그리스의 천문학자들이 별까지의 거리나 별들 사이의 거리 따위를 구하는 과정에서 생겼다고 들은 기억이 있긴 한데…….

(밤하늘의 별을 보면서) 저 별은 얼마나 떨어져 있을까? 별 사이의 거리를 직접 잴 수는 없는 노릇이야. 역시 항상 사용하는 방법이지만 **간단한 사례에서 방법을 유추**하는 게 괜찮겠지. 단순화시킨 사례로 무엇이 있을까? 그래, 거리 측정이니까 아파트 같은 빌딩의 높이를 어떻게 측정하는지 알아볼까?

(아파트 앞에서) 어휴, 꼭대기를 계속 올려다보니 목이 아프네. 이렇게 쳐다만 봐서는 잘 모르니, 이 상황을 그림 4.1.1의 ①과 같이 도시하여 생각해보자. 하, 그려놓고 보니 이 정도의 작은 삼각형(ABC)이면 직접 재서 알 수 있겠어. 가만, 그러고 보니 지도가 그렇잖아! 가령 그림

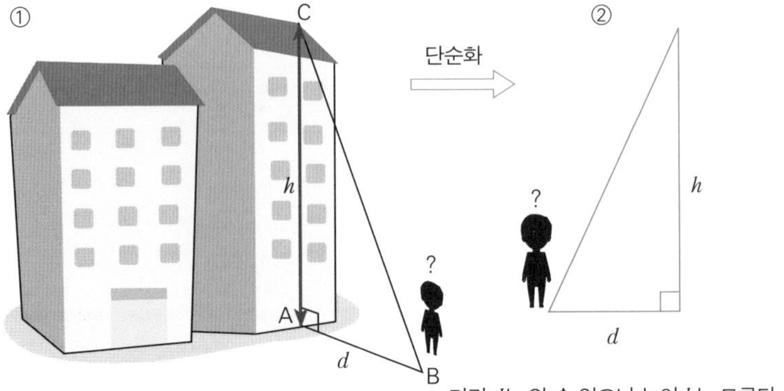

그림 4.1.1 거리 d는 알 수 있으나 높이 h는 모른다.

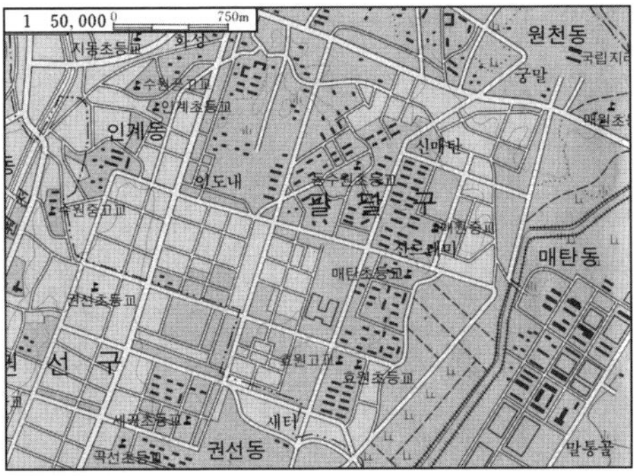

그림 4.1.2

4.1.2와 같은 경기도 수원시 주변을 1:50000으로 축척한 지도에서 길이 1cm는 실제로는 50000배의 길이에 해당하는 50000cm(=500m)를 의미해. 따라서 삼각형 그림 4.1.1의 ②도 실제의 모양과 비교해서 얼마로 축척되었는지를 알면 해결되는 것이 아닌가! 높이는 직접 잴 수 없지만 아파트까지의 거리(그림 4.1.1의 d)는 측정이 가능해서 그림 4.1.3과 같은 과정으로 충분히 구할 수가 있을 테니까.

확실히 이렇게 축척의 원리를 이용하면 구하기 편하겠어. 그런데 다른 아파트나 빌딩의 높이를 알아내기 위해 매번 저렇게 상황에 맞는 축소된 직각삼각형을 그려서 정확한 길이를 구해야 되나? 불편한데…….

어찌되었건 미지의 거리가 높이가 되었건, 밑변이 되었건 닮은꼴의 직각삼각형에 대해 다음과 같은 변의 비를 구해서 그림 4.1.3의 과정을 통

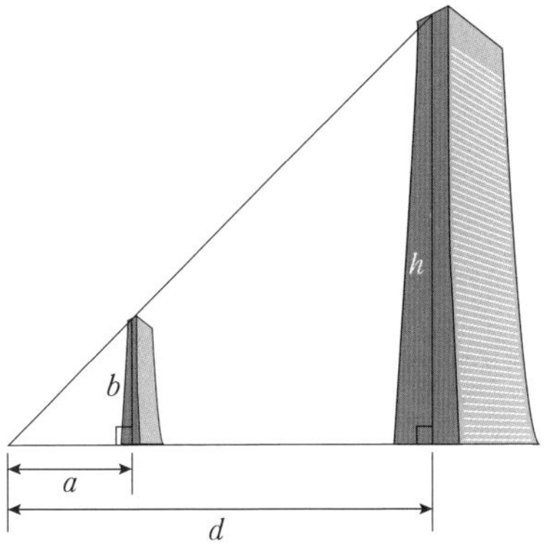

b가 a의 몇 배($b \div a$)인지 구한 수에 d를 곱하면 높이 h가 나온다.

$\therefore\ h = d \times \frac{b}{a}$

$(a:b = d:h)$

그림 4.1.3

해 구할 수 있겠어.

$$\text{높이} \div \text{빗변},\ \text{밑변} \div \text{빗변},\ \text{높이} \div \text{밑변} \tag{4.1.1}$$

가령 그림 4.1.4의 ①과 같은 직각삼각형의 각 변의 비를 정확히 알고 있으면 이 직각삼각형과 닮은꼴을 이용해 그림 ②나 ③의 나무와 산의 높이를 어렵지 않게 구할 수가 있어!

그래, 각도에 따른 모든 직각삼각형에 대해 식 (4.1.1)의 비를 미리 계산한 값들을 모두 가지고 있다면, 임의의 나무나 산의 높이를 구할 때 거기에 맞는 경우를 골라 활용하면 되겠어. 마치 **데이터베이스**를 구축한다

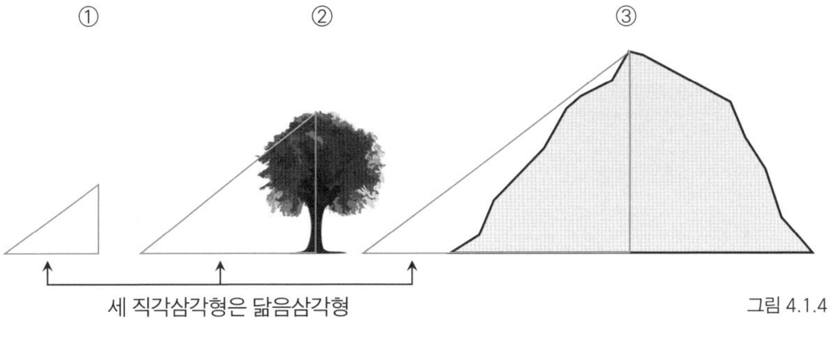

그림 4.1.4

고나 할까? 자료들을 모두 구해놓고 필요할 때 가져다 쓰는 격이야.

각도로 보면 0°에서 90°까지 생각하면 될 것 같고, 각도의 크기를 굳이 유리수나 무리수■의 범위까지 확대해서 계산할 필요까지는 없겠지. 일단 각도가 자연수인 경우만 구해놓아도 충분할 거야.

■ 제곱해서 3을 만들어내는 수는 1.732…로 끝없이 이어지는 무리수(無理數)이다. 이 수를 매번 1.732…로 쓰는 것은 번거로우므로 간단히 $\sqrt{3}$이라고 표기한다. 즉, $\sqrt{a}$는 제곱해서 a를 만들어내는 수를 기호로 대체한 것뿐이다.

그렇지만 좀 난감하네. 각도가 1°일 때의 직각삼각형에서 세 변의 길이를 자로 재서 구한다는 것은 어불성설이고…….

어떻게 구해야 할까?

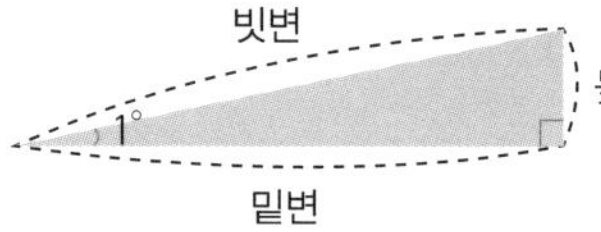

1°의 각을 지닌 직각삼각형의 대한

$\dfrac{\text{높이}}{\text{빗변}} = ?$ $\dfrac{\text{밑변}}{\text{빗변}} = ?$ $\dfrac{\text{높이}}{\text{밑변}} = ?$

그림 4.1.5

1°일 때부터 식 (4.1.1)의 변의 비를 구하기가 막막하네.

삼각비의 정의

닮음이란 도형의 크기는 다르지만 모양은 같은 것을 의미한다. 원의 경우를 보면 크기는 다르더라도 그 모양은 같으므로 모든 원은 닮음이다. 삼각형에서도 변의 길이는 다르지만 각 변을 일정한 비율로 늘이거나 줄여서 일치하게 될 때 닮음삼각형이라 한다. 이렇게 도형이 닮음 모양일 때 변의 길이의 비가 일정하므로 이를 이용해서 미지의 길이를 구할 수 있다.

특히 피타고라스의 정리(그림 4.1.6)라는 막강한 도구로 직각삼각형에서 두 변의 길이를 알고 있으면 자연스럽게 나머지 한 변의 길이를 알 수 있기 때문에 직각삼각형은 다른 삼각형에 비해 여러 이점을 지니고 있다.

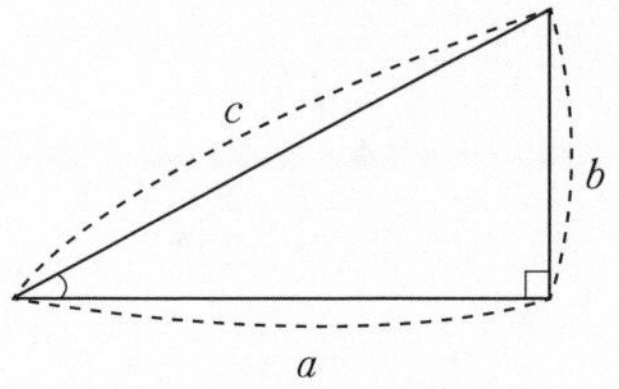

모든 직각삼각형에서 빗변(c)의 제곱을
나머지 두 변(a, b)의 제곱의 합과 같다. 즉,

$$a^2+b^2=c^2$$

그림 4.1.6

각도가 같은 모든 직각삼각형은 닮은꼴이다. 따라서 변의 비는 같게 된다. 즉,

높이÷빗변, 밑변÷빗변, 높이÷밑변

은 닮음직각삼각형에서는 항상 같은 값이 나온다. 하지만 매번 저렇게 적기가 번거로우므로 수학에서는 간단하게 기호로 표기한다. 그림 4.1.7과 같이 각도에 대해 위의 세 가지의 변의 비를 각각 sin, cos, tan로 대체해서 적으며 이들을 '**삼각비**'라 한다.

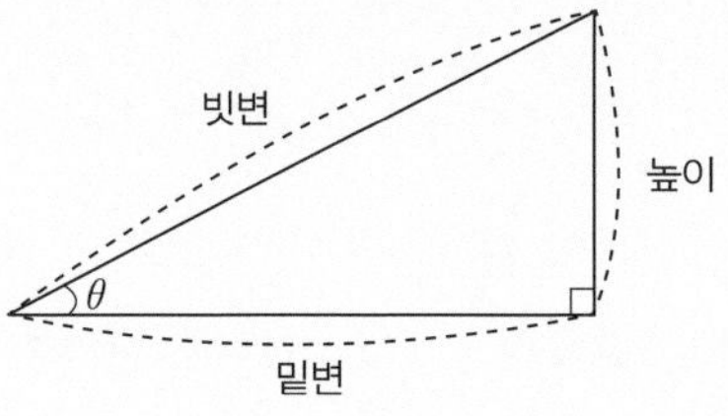

$$\sin\theta = \frac{\text{높이}}{\text{빗변}}$$

$$\cos\theta = \frac{\text{밑변}}{\text{빗변}}$$

$$\tan\theta = \frac{\text{높이}}{\text{밑변}}$$

그림 4.1.7

02
정다각형을 이용해서

수학에서 여러 가지 기호를 만들어내는 걸 보면 어떤 땐 잘 이해가 되지 않아. 그래도 삼각비의 경우는 수긍이 가네. 각도 θ를 지닌 직각삼각형에서 높이를 빗변으로 나눈 값을 매번 **"각도 θ인 직각삼각형에서 높이÷빗변의 값"이라고 쓰는 것보다는 간단히 $\sin\theta$**라 적는 게 편하니까.

삼각비의 값을 구하는 일은 생각보다 만만치 않아. 1° 뿐만 아니라 2°, 3°, … 등의 각도에 대해서만 보더라도 그렇잖아. 하지만 몇 개의 각은 쉽게 알 수 있겠어. 한 변의 길이가 2인 정삼각형을 반으로 쪼개는 방법이야. 그림 4.2.1의 ①과 같이 정삼각형의 한 점(A)에서 수선을 그으면 같은 크기와 모양을 지닌 두 직각삼각형으로 나눠지잖아. 그러면 하나의 직각삼각형(DAB)에서 각 B는 60° 이고, 높이 AD는 피타고라스의 정리를 이용하여 변의 길이를 얻을 수 있어.

$$\mathrm{AD}^2=\mathrm{AB}^2-\mathrm{BD}^2=2^2-1^2=3,\ \therefore \mathrm{AD}=\sqrt{3}$$

이렇게 하여 각 60°에 대한 세 개의 삼각비의 값을 구할 수 있겠네. 또한 직각삼각형 ABD를 그림 4.2.1의 ②처럼 돌려놓으면 30°에 대한 삼각비의 값도 구할 수 있어.

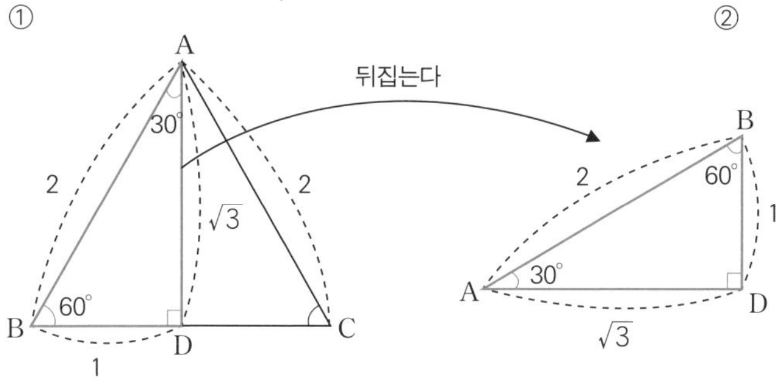

$$\sin 60° = \frac{\sqrt{3}}{2} \qquad \sin 30° = \frac{1}{2}$$
$$\cos 60° = \frac{1}{2} \qquad \cos 30° = \frac{\sqrt{3}}{2}$$
$$\tan 60° = \sqrt{3} \qquad \tan 30° = \frac{1}{\sqrt{3}}$$

그림 4.2.1

정사각형을 이용하는 방법도 있어. 변의 길이가 1인 정사각형에 대해 대각선으로 나누게 되면 그림 4.2.2와 같이 두 개의 각이 45°로 이루어진 직각이등변삼각형이 나오게 되거든. 이때 빗변의 길이는 피타고라스의 정리에 의해 $\sqrt{2}$가 됨은 자명한 사실이지.

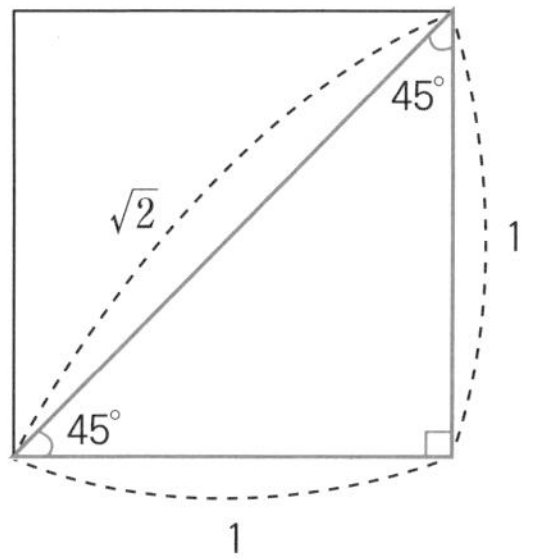

$$\sin 45° = \frac{1}{\sqrt{2}}$$
$$\cos 45° = \frac{1}{\sqrt{2}}$$
$$\tan 45° = 1$$

그림 4.2.2

이렇게 해보니 굳이 앞의 값들을 외우지 않더라도 정삼각형이나 정사각형을 이용하면 최소한 30°, 45°, 60°의 각에 대한 삼각비의 값을 충분히 알아낼 수 있겠어. 물론 외워두면 더 편하겠지.(표 4.2.1)

표 4.2.1 **특수각의 삼각비**

	$\sin\theta$	$\cos\theta$	$\tan\theta$
30°	$\frac{1}{2}$	$\frac{\sqrt{3}}{2}$	$\frac{1}{\sqrt{3}}$
45°	$\frac{1}{\sqrt{2}}$	$\frac{1}{\sqrt{2}}$	1
60°	$\frac{\sqrt{3}}{2}$	$\frac{1}{2}$	$\sqrt{3}$

정오각형, 정육각형 등 정다각형을 이용하면 다른 각도에 대한 삼각비도 얻을 수 있을 것 같아. 물론 모든 각을 이 방법으로 구할 수는 없겠지. 삼각비를 이 방법으로 내가 일일이 구하는 것은 번거로운 일이야. 그러니 모든 각에 대한 삼각비는 이미 이뤄진 업적을 활용하는 편이 낫겠어. 지금은 삼각비와 삼각함수의 정의 정도만 알면 되니까.

(델타는 자료 검색을 통해 삼각표에 대한 자료를 습득할 수 있었다. 삼각표는 이번 절 끝에 수록되어 있다.)

표를 보니 0°에서 90°까지의 정수의 각도에 대한 값이 나와 있네. 옛날 사람들도 나와 같은 고민을 했나보구나.

(표를 살펴보던 델타는 이 값으로 그래프를 그려낼 수 있을 것 같았다.)

어? 이 삼각비를 각도에 따라 그래프로 그리는 것이 가능하겠는데. 가로축을 각도로 잡고 세로축을 sin 혹은 cos이나 tan로 잡아서 표의 값을 참조하여 좌표에 점을 찍어 연결하면 되거든. 그러면 각도가 독립변수가

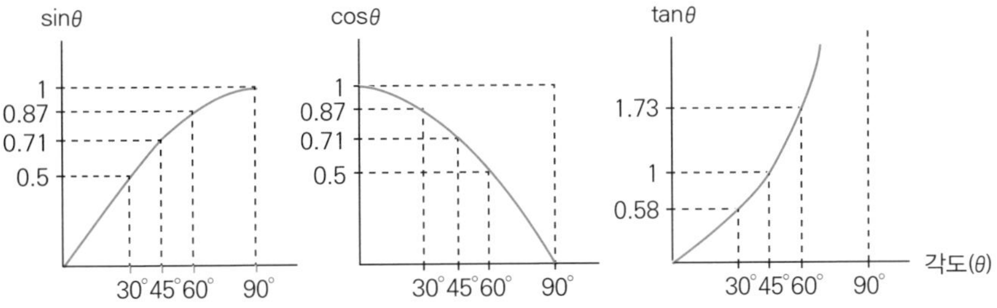

표 (4.2.2)의 삼각표를 활용해서 각도에 대한 값들을 점으로 연결한다. 그림 4.2.3

되고 삼각비(sin, cos, tan)가 종속변수가 되겠어. 아하, 이래서 삼각함수가 나온 것이로구나.(그림 4.2.3)

그려진 그래프를 보니 tan는 전혀 다른 형태이지만 sin과 cos은 서로 대칭 모양인 것 같은데? 삼각표를 보니 과연 그러하네.

$$\sin 1° = \cos 89°,\ \sin 2° = \cos 88°,\ \sin 3° = \cos 87°,\ \cdots$$

위의 추세로 보면 $\sin\theta = \cos(90° - \theta)$라는 것인데 왜 그렇지?

(델타는 이 의문점을 의외로 쉽게 해결했다. 아마도 표를 보며 삼각함수의 그래프를 그리는 과정에서 체득한 감각 덕분이었는지 모른다.)

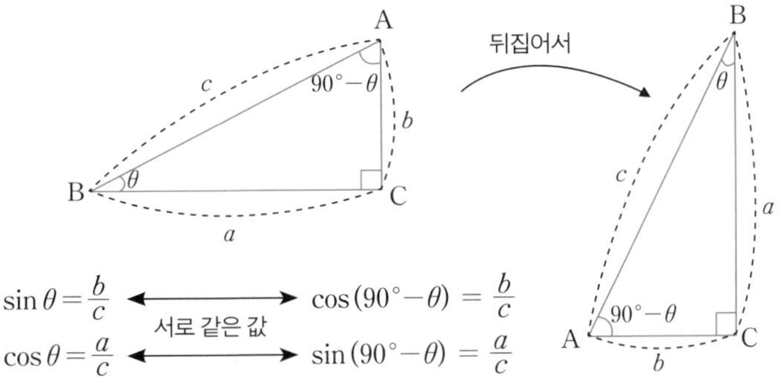

그림 4.2.4

당연하겠어. 직각삼각형 하나에 대해 보면 그림 4.2.4와 같은 관계를 가지므로 자연스럽게 나오는 결과야.

하지만 보통 가로축은 실수로 놓고 그리지 않나? 그런데 주어진 표의 값들로 나타낸 그래프(그림 4.2.3)의 가로축은 각도이고, 세로축은 실수야. 각도와 실수를 서로 같은 좌표계에 표시할 수 있나? 각도가 실수인가? 뭔가 이상해. 초등학교 때부터 각도란 것을 별 생각 없이 자연스럽게 사용해왔지만, 지금 보니 흔히 다루는 수와 다른 것 같아. 게다가 삼각비는 각도라는 독립변수에 대해 종속변수의 값은 각도가 아닌 실수이지 않은가! 각도가 실수로 바뀐 격이야.

삼각함수가 가진 독특한 특성 때문에 각도를 실수로 변환시킨 것일까? 아니면 각도와 실수는 어떤 관계가 있는 것일까?

표 4.2.2 **삼각표**

θ	sinθ	cosθ	tanθ	θ	sinθ	cosθ	tanθ
0	0.0000	1.0000	0.0000	45	0.7071	0.7071	1.0000
1	0.0175	0.9998	0.0175	46	0.7193	0.6947	1.0355
2	0.0349	0.9994	0.0349	47	0.7314	0.6820	1.0724
3	0.0523	0.9986	0.0524	48	0.7431	0.6691	1.1106
4	0.0698	0.9976	0.0699	49	0.7547	0.6561	1.1504
5	0.0872	0.9962	0.0875	50	0.7660	0.6428	1.1918
6	0.1045	0.9945	0.1051	51	0.7771	0.6293	1.2349
7	0.1219	0.9925	0.1228	52	0.7880	0.6157	1.2799
8	0.1392	0.9903	0.1405	53	0.7986	0.6018	1.3270
9	0.1564	0.9877	0.1584	54	0.8090	0.5878	1.3764
10	0.1736	0.9848	0.1763	55	0.8192	0.5736	1.4281
11	0.1908	0.9816	0.1944	56	0.8290	0.5592	1.4826
12	0.2079	0.9781	0.2126	57	0.8387	0.5446	1.5399

θ	sinθ	cosθ	tanθ	θ	sinθ	cosθ	tanθ
13	0.2250	0.9744	0.2309	58	0.8480	0.5299	1.6003
14	0.2419	0.9703	0.2493	59	0.8572	0.5150	1.6643
15	0.2588	0.9659	0.2679	60	0.8660	0.5000	1.7321
16	0.2756	0.9613	0.2867	61	0.8746	0.4848	1.8040
17	0.2924	0.9563	0.3057	62	0.8829	0.4695	1.8807
18	0.3090	0.9511	0.3249	63	0.8910	0.4540	1.9626
19	0.3256	0.9455	0.3443	64	0.8988	0.4384	2.0503
20	0.3420	0.9397	0.3640	65	0.9063	0.4226	2.1445
21	0.3584	0.9336	0.3839	66	0.9135	0.4067	2.2460
22	0.3746	0.9272	0.4040	67	0.9205	0.3907	2.3559
23	0.3907	0.9205	0.4245	68	0.9272	0.3746	2.4751
24	0.4067	0.9135	0.4452	69	0.9336	0.3584	2.6051
25	0.4226	0.9063	0.4663	70	0.9397	0.3420	2.7475
26	0.4384	0.8988	0.4877	71	0.9455	0.3256	2.9042
27	0.4540	0.8910	0.5095	72	0.9511	0.3090	3.0777
28	0.4695	0.8829	0.5317	73	0.9563	0.2924	3.2709
29	0.4848	0.8746	0.5543	74	0.9613	0.2756	3.4874
30	0.5000	0.8660	0.5774	75	0.9659	0.2588	3.7321
31	0.5150	0.8572	0.6009	76	0.9703	0.2419	4.0108
32	0.5299	0.8480	0.6249	77	0.9744	0.2250	4.3315
33	0.5446	0.8387	0.6494	78	0.9781	0.2079	4.7046
34	0.5592	0.8290	0.6745	79	0.9816	0.1908	5.1446
35	0.5736	0.8192	0.7002	80	0.9848	0.1736	5.6713
36	0.5878	0.8090	0.7265	81	0.9877	0.1564	6.3138
37	0.6018	0.7986	0.7536	82	0.9903	0.1392	7.1154
38	0.6157	0.7880	0.7813	83	0.9925	0.1219	8.1443
39	0.6293	0.7771	0.8098	84	0.9945	0.1045	9.5144
40	0.6428	0.7660	0.8391	85	0.9962	0.0872	11.4301
41	0.6561	0.7547	0.8693	86	0.9976	0.0698	14.3007
42	0.6691	0.7431	0.9004	87	0.9986	0.0523	19.0811
43	0.6820	0.7314	0.9325	88	0.9994	0.0349	28.6363
44	0.6947	0.7193	0.9657	89	0.9998	0.0175	57.2900
				90	1.0000	0.0000	∞

sin, cos, tan의 정의

본문에서 언급했듯이 sin, cos은 상호보완적인 관계라 할 수 있고 tan와 함께 다음의 관계가 서로 있다.(그림 4.2.5)

$\sin\theta = \frac{b}{r}$

$\cos\theta = \frac{a}{r}$

$\tan\theta = \frac{b}{a}$

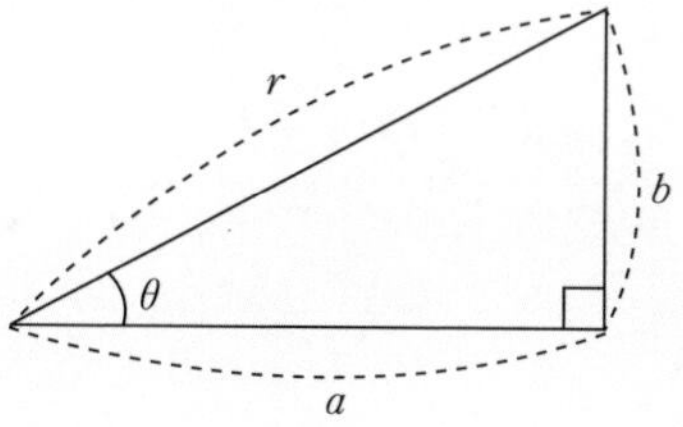

피타고라스의 정리

$r^2 = a^2 + b^2$

그림 4.2.5

$$\frac{\sin\theta}{\cos\theta} = \frac{\frac{b}{r}}{\frac{a}{r}} = \frac{b}{a}, \qquad \therefore \boldsymbol{\frac{\sin\theta}{\cos\theta} = \tan\theta} \tag{4.2.1}$$

그리고 피타고라스의 정리에 의해

$$\sin^2\theta + \cos^2\theta = \left(\frac{a}{r}\right)^2 + \left(\frac{b}{r}\right)^2 = \frac{a^2+b^2}{r^2} = \frac{r^2}{r^2} = 1,$$

$$\boldsymbol{\sin^2\theta + \cos^2\theta = 1} \tag{4.2.2}$$

이다. 삼각함수를 다루다보면 접하는 공식이 많다. 삼각함수는 여러 공식이 도출되어 까다로운 점이 있지만 **앞의 두 공식은 기본 중의 기본**으로 자주 사용되는 식이니 꼭 기억해둔다.

03
라디안의 정의

각도는 의외로 일반적인 실수와는 다른 세계에 속한 것 같아. 실수는 사칙연산이 가능하지만 각도란 것은 곱셈이나 나눗셈 계산이 불가능하지 않나!

$$20^\circ + 10^\circ = 30^\circ \text{ (OK)},\ 20^\circ - 10^\circ = 10^\circ \text{ (OK)},$$
$$20^\circ \times 10^\circ = 200^\circ \text{ (???)},\ 20^\circ \div 10^\circ = 2^\circ \text{ (???)},$$

이렇게 보니 지금까지 익숙하게 써왔던 각도라는 것이 무척이나 낯설어 보여. 왜일까? sin이나 cos은 실수도 아닌 각도를 어떻게 실수로 변환시켰다는 것인가?

(지금껏 사용해왔던 각도가 사칙연산이 되지 않는다는 사실이 델타에겐 엄청난 충격이었다. 각도는 분명 실수가 아니었다.)

각도는 그냥 각도의 세계에서 존재하도록 놔두어야 하나? 하지만 sin이라는 것은 각도를 실수로 변환시키고 있어. 그렇다는 것은 분명 각도가 실수와 관계가 있다고밖에 달리 설명할 길이 없거든. 혹시 각도를 실수로 바꾸는 것이 가능하다면 어떻게 되나? 그렇게만 된다면 각도의 곱셈이나 나눗셈이 가능해지겠는데…….(그림 4.3.1)

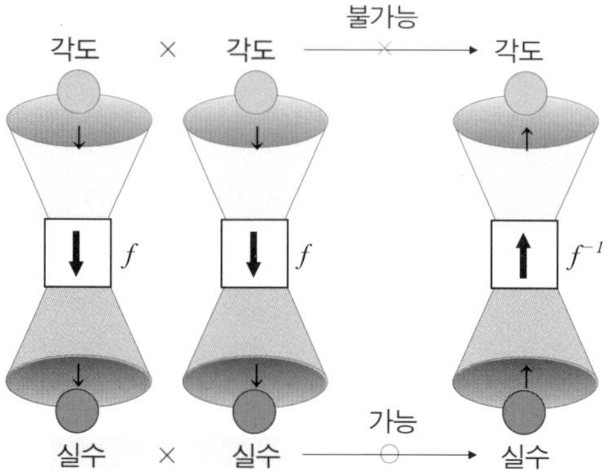

f: 각도를 실수로 변환시키는 함수.
f^{-1}: 실수를 각도로 변환시키는 함수.

그림 4.3.1

그래, 위의 그림처럼 일단 각도끼리의 곱을 하기 위해서 주어진 각도를 모두 실수로 바꿔서 곱해주고, 그렇게 얻어진 값을 다시 각도로 바꾸면 가능하겠어. 각도를 실수로 바꾸는 방법이 존재하지 않을까?

그건 그렇고 왜 한 바퀴 회전한 각은 360°일까? 무슨 이유가 있을까? 원의 각을 꼭 360등분 할 것이 아니라 100등분 혹은 1000등분 등 우리가 흔히 사용하는 10이라는 수의 체계로 나누는 것이 더 효율적이지 않을까? 1000등분 하면 각을 더 세밀하게 나눌 수 있을 것 같은데? 그러면 직각은 원의 각의 $\frac{1}{4}$이므로 250°가 되고, 정삼각형 하나의 각은 원의 각의 $\frac{1}{6}$이므로 $\frac{500^\circ}{3}$가 될 거야. 좀 불편한가? 어쩌면 이렇게 각을 나누는 방법도 생각했을지 몰라. 단지 사용하다보니 불편해서 사라졌겠지. 결과적으로 360°가 가장 경쟁력 있어서 살아남았나봐.

내 생각이 맞다면 **각의 등분은 편의상 임의적으로 나눈 것**일 거야. 그나저나 지금까지 삼각비가 살아남았다는 것은 각도가 분명 실수와 연동되는 연결고리가 있다는 의미일 텐데.

어디 보자, 인터넷에서 검색하면 실마리를 찾을 수 있겠지. 검색용어를 '각도 실수'로 하고……. 음? '라디안'이라는 용어가 눈에 들어오는데? 라디안이라…….

> **1라디안(radian)**은 원둘레 위에서 반지름의 길이와 같은 길이를 갖는 호에 대응하는 중심각의 크기로 무차원의 단위이다. **호도(弧度)**라고도 하며 rad■로 줄여 쓰기도 한다. (출처: 위키백과)(그림 4.3.2)

■ 라디안이란 용어는 'radial angle(반지름의 각)'을 줄여서 'radian'으로 정했다고 알려져 있다.

알 듯 모를 듯 헷갈리네. 그러니까 원이란 것은 모두 닮음 도형이므로 원의 반지름만큼 원의 둘레를 잡으면 그림 4.3.2와 같이 항상 같은 크기의 각을 가지게 되고, 바로 이 각을 1라디안이라 정의했다는 것이지. 이 **라디안이 각도를 실수로 바꿀 수 있게 하는 것일까?**

그림 4.3.2

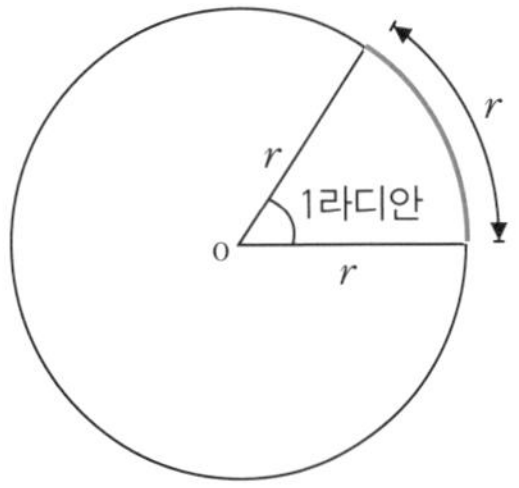

원의 크기에 관계 없이 1rad의 각의 크기는 같다.

잘 모르겠네. 라디안을 새롭게 정의한 이유가 무엇일까? 라디안이 내가 알아보고자 했던 실수인지는 단정 짓기 힘들지만 어쨌든 느낌상 각도의 개념이 아닌 라디안을 사용하는 것이 더 좋을 것 같아. 어째 몸에 맞지 않는 옷을 걸친 것 같은 거북함이 들기도 하지만.

그렇다면 1라디안은 몇 도이며 1도는 몇 라디안일까?

04

단위원

원의 각도를 360등분 해서 하나의 각을 1°라고 정의했고, 라디안은 반지름의 길이와 호의 길이의 비로 각도를 정의했으므로 이 두 각도의 사이에는 비례관계가 있을 것은 당연하겠어. 원의 둘레가 반지름의 a배라고 하면 라디안의 정의상 360°는 a라디안이 될 것임은 자명한 사실이야.

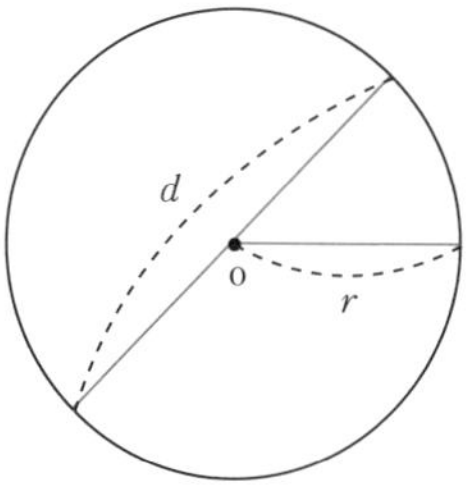

원의 둘레 l

지름 $d(=2r,\ r$은 반지름)

원주율 $\pi=\dfrac{l}{d}\left(=\dfrac{l}{2r}\right)$

그림 4.4.1

어? 그러고 보니 이 말이 곧 원주율 아닌가! **원주율(圓周率)**이란 것이 원의 지름에 대한 둘레의 비율이었거든.(그림 4.4.1) 그리고 그 값이 3.14로 이어지는 무한한 수이기 때문에 π라는 기호로 표현한 것으로 알고 있어.

■ 180°가 π라디안이므로 1라디안은 $\frac{180°}{\pi}$이다. 1rad = $\frac{180°}{\pi}$ ≈ 57.296°

이 정의에 따르면 원의 둘레의 길이는 지름의 π배이고, 지름은 반지름의 2배이므로 원의 둘레는 곧 반지름의 2π배가 될 것이야. 결국 **360°는 2π라디안**이라는 것이잖아. 나머지 각은 이 비례관계를 이용해서 실수로 바꿔줄 수 있겠어. 180°는 360°의 반이니까 π가 되고, 90°는 $\frac{\pi}{2}$가 돼.■

표 4.4.1 **60분법의 각도와 라디안의 관계**

각도	0°	30°	45°	60°	90°	180°	360°
실수(라디안)	0	$\frac{\pi}{6}$	$\frac{\pi}{4}$	$\frac{\pi}{3}$	$\frac{\pi}{2}$	π	2π

휴우, 라디안으로 말하면 어느 정도의 각인지 얼른 감이 안 와서 익숙해지려면 시간이 필요하겠어. 어찌되었든 이제 모든 60분법의 각도를 라디안으로 바꾸는 방법은 알게 되었어.

내 예상대로 라디안이 실수라면 삼각함수의 그래프 x축을 각도가 아닌 라디안으로 바꾸는 것이 현명하겠지. 하지만 아직 확실하지는 않으니까 좀 더 생각해봐야겠어. 그러고 보니 그래프(그림 4.2.3 참조)가 0°~90°에서만 그려져 있잖아. 삼각표가 거기까지만 있어서 어쩔 수 없지만 왜 그 이상이나 음의 각도에 대해서는 없지?

삼각비는 직각삼각형에서 정의된 값이고 세 내각의 합은 180°이므로, 직각삼각형일 경우 직각이 아닌 나머지 두 각의 합은 90°를 넘을 수 없어. 따라서 삼각비가 0°에서 90°에서만 정의되는 것이 당연해. 90°가 넘는 각은 직각삼각형에서 만들어질 수 없거든. 그래도 각은 90° 이상 존재하니까 삼각비의 값도 있어야 할 텐데……. 삼각비를 어떤 식으로 모든 각에 적용시켜서 값을 가지게 할 수 있을까?

(어쩔 수 없이 델타는 다시 자료를 검색하였다. 그러다 단위원을 통해 모든 각을 정의할 수 있음을 알게 됐다.)

좌표평면에서 원점을 중심으로 하고 반지름의 길이가 1인 원을 단위원이라 한다. 이 단위원 위의 점 (x, y)와 원점을 잇는 직선과 x축의 양의 방향과 이루어진 각을 라디안이라고 하며, 이때 삼각비는 다음과 같이 정의된다.(그림 4.4.2)

$\sin\theta = y$, $\cos\theta = x$ 혹은 $(x, y) = (\cos\theta, \sin\theta)$

$$\tan\theta = \frac{\sin\theta}{\cos\theta} = \frac{y}{x}$$

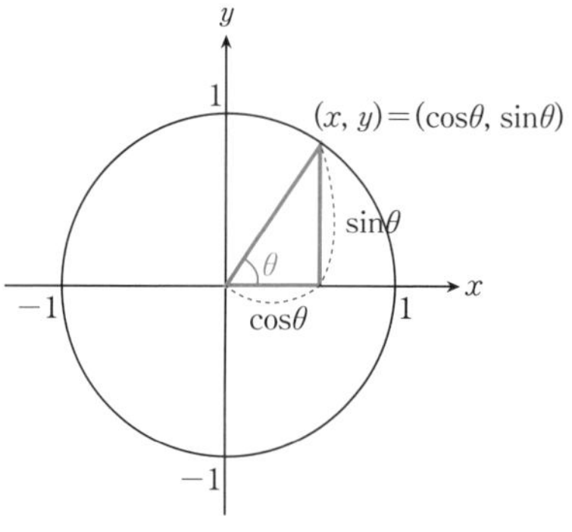

단위원 위의 점 x좌표가 $\cos\theta$, y좌표가 $\sin\theta$가 된다.

그림 4.4.2

좌표축을 도입하리라고는 전혀 생각하지 못했네. 단위원을 이용해서 이렇게 삼각비를 정의하니 모든 각에 대해 아주 간단하게 나타낼 수가 있구나. 역시 인간의 지혜는 대단해.

연습 삼아 하나의 각인 $\frac{2}{3}\pi\,(=120^\circ)$에 대해 삼각비의 값을 계산해볼까? 이 각에 대한 삼각비를 구하기 위해서는 그 각도에 위치한 단위원 위의 좌표만 구하면 되는 셈이야. 왜냐하면 정의상 직각삼각형의 빗변은 곧 단위원의 반지름이고 그 길이는 1이어서 결과적으로 **$\sin\theta$의 값은 그 좌표에서의 y축의 값이고, $\cos\theta$는 x축의 값**이 되거든. 그림 4.4.3을 보니 Q점은 P점을 y축에 대해 대칭이동한 점이니까 쉽게 Q의 좌표를 정할 수 있어.

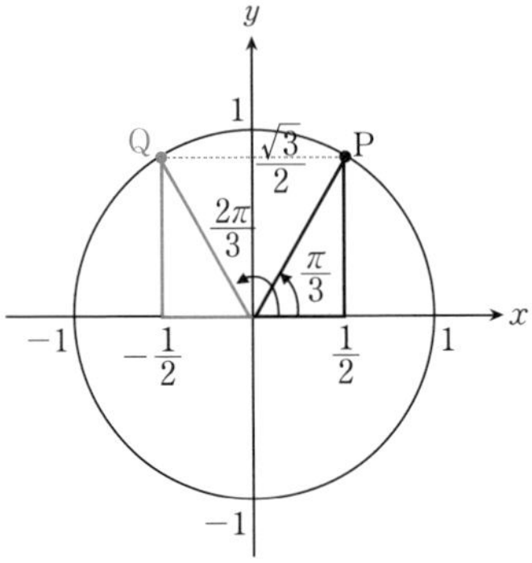

$$P\left(\frac{1}{2}, \frac{\sqrt{3}}{2}\right) = \left(\cos\frac{\pi}{3}, \sin\frac{\pi}{3}\right)$$

$$Q\left(-\frac{1}{2}, \frac{\sqrt{3}}{2}\right) = \left(\cos\frac{2\pi}{3}, \sin\frac{2\pi}{3}\right)$$

$$\therefore \cos\frac{2\pi}{3} = -\frac{1}{2}, \quad \sin\frac{2\pi}{3} = \frac{\sqrt{3}}{2}$$

그림 4.4.3

이와 같은 방법으로 모든 각에 대한 삼각비의 값을 알 수 있겠구나. 이 정의를 바탕으로 각도 θ를 변수로 하는 $y=\sin\theta$의 그래프를 완성해보자.

(델타는 몇 개의 값을 구하면서 $y=\sin\theta$의 그래프를 완성해갔으며 그 과정에서 하나의 패턴을 찾아내었다.)

1사분면의 값들이 계속 반복되어 나타나. 2사분면만 보면 각도가 $\frac{\pi}{2}$에서 π로 진행됨에 따라 sin의 값은 1의 값에서 0의 값으로 역의 과정을 거치면서 감소함을 쉽게 알 수 있어.(그림 4.4.4) 즉, 2사분면에서 그려지는 그래프는 1사분면의 그래프를 대칭으로 그려주면 되겠지.

3사분면과 4사분면도 마찬가지 방법으로 생각하면 충분히 그릴 수 있

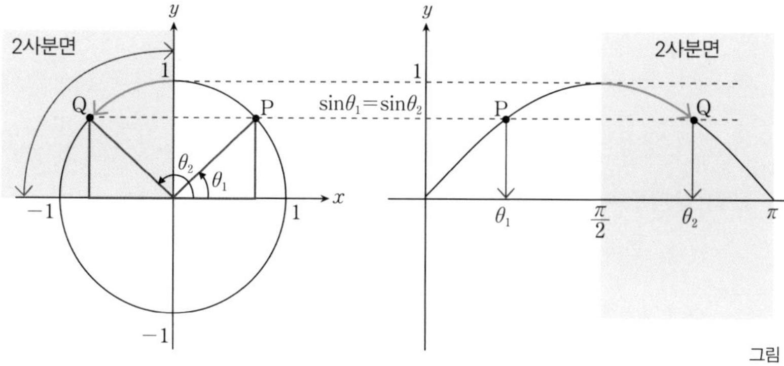

그림 4.4.4

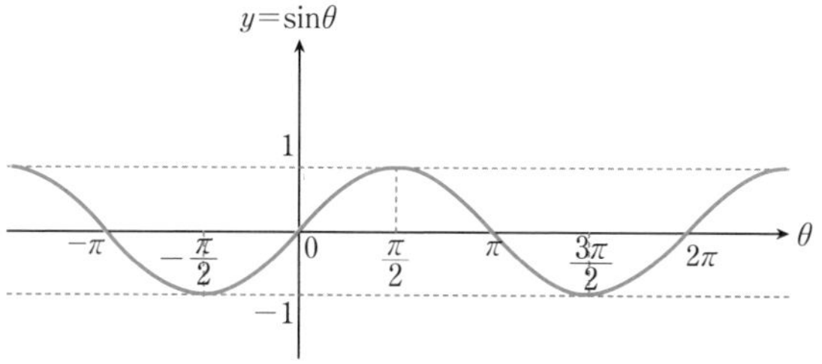

그림 4.4.5

그림 4.4.6

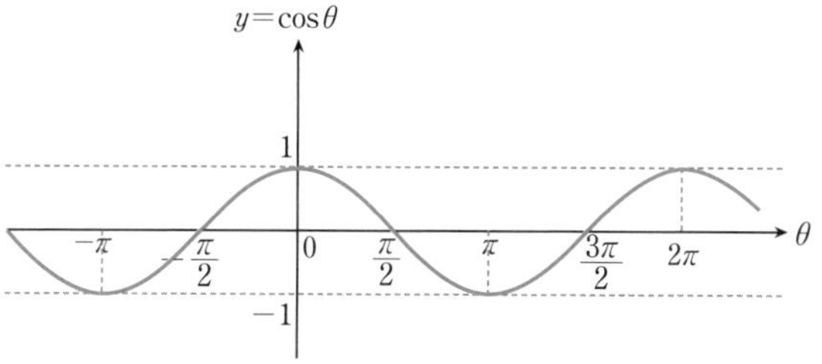

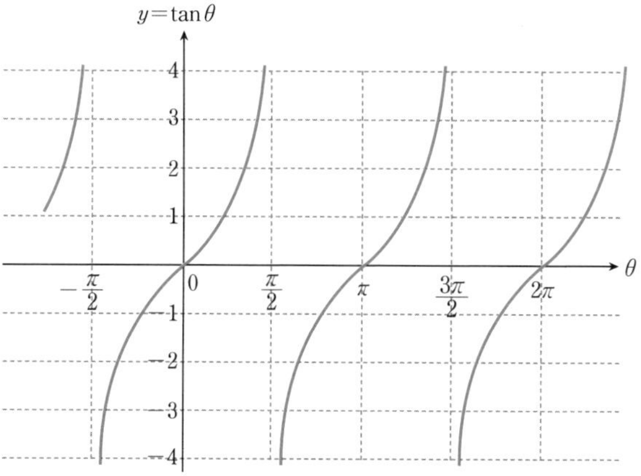

어. 결과적으로 $y=\sin x$의 그래프는 그림 4.4.5가 되겠구나. sin 그래프를 보니 굉장히 규칙적이고 주기적인 모양이네. 그리고 0에서 $\frac{\pi}{2}$까지의 값만 알아도 다른 각도에서의 값을 충분히 유추해서 알아낼 수 있고.

(델타는 같은 방법을 통해 $y=\cos x$와 $y=\tan x$를 그려 그림 4.4.6의 결과를 얻어냈다. cos 역시 sin과 같이 2π 이후에는 똑같은 그래프가 계속 반복되고, 이 두 함수는 시작점만 다르지 모양이 완전히 일치하는 함수였다. 그런데 tan는 이들과는 동떨어진 모양을 그리고 반복되는 주기가 π이며, 결정적으로 $\frac{\pi}{2}$와 $\frac{3\pi}{2}$ 등의 각도에서는 값이 정의되어 있지도 않는다는 사실이 특이하였다.)

이제는 삼각함수의 도함수를 구하는 과정에 돌입해야겠지. 이 정도의 지식만으로 구할 수 있을까? 약간 걱정되긴 하지만.

원주율과 부채꼴

원주율(圓周率)은 원의 지름에 대한 둘레의 비율을 나타내는 수학 상수이다. 그리스 문자 π로 표기하고, '파이'라고 읽는다. 즉, 원의 지름을 d, 원의 둘레의 길이를 l이라 하면 원주율 π는 다음의 식으로 표현된다.

$$\pi=\frac{l}{d}=\frac{l}{2r}\ (r\text{은 원의 반지름}) \qquad (4.4.1)$$

원주율은 유한한 수가 아닌 어느 자리에서도 끝나지 않고, 순환마디도 없는 무리수에 해당한다. 따라서 실제 계산에서는 근삿값을 이용한다. 다음에 나오는 원주율의 값은 소숫점 100자리까지만 표기한 것이다.

$$\pi = 3.1415926535\ 8979323846\ 2643383279\ 5028841971\ 6939937510\ 5820974944\ 5923078164\ 0628620899\ 8628034825\ 3421170679$$

한편 지름 d는 반지름 r의 2배이므로 원의 둘레는 식 (4.4.1)에 의해 $l=2\pi r$이다. 360°가 2π라디안이므로 원의 둘레는 반지름에서 각에 해당하는 라디안을 곱한 것이다. 이로부터 각도가 60°인 호의 길이는 60°의 라디안인 $\frac{\pi}{3}$에 반지름을 곱한 $\frac{\pi r}{3}$이다. 따라서 일반적으로 반지름이 r이고 각이 θ인 부채꼴의 호의 길이는 다음과 같이 라디안만 곱해주면 된다.(그림 4.4.7)

$$\textbf{부채꼴의 호의 길이}\quad l = r\theta \tag{4.4.2}$$

또한 같은 맥락으로 각 θ인 호로 둘러싸인 부채꼴의 넓이는 원의 넓이 πr^2의 $\frac{\theta}{2\pi}$이므로 다음과 같다.

$$\textbf{각이 }\theta\textbf{인 부채꼴의 넓이}\quad S=\frac{1}{2}r^2\theta \tag{4.4.3}$$

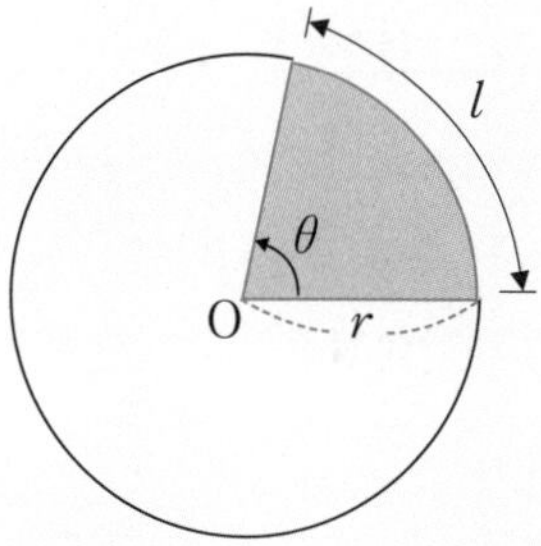

원의 둘레 $2\pi r$

호의 길이 $l=2\pi r\times\frac{\theta}{2\pi}=r\theta$

원의 넓이 πr^2

부채꼴의 넓이 $\pi r^2\times\frac{\theta}{2\pi}=\frac{1}{2}r^2\theta$

그림 4.4.7

05

그래프만으로 도함수 구하기

도함수를 구하기 위해서는 정의를 이용해야 되겠지. 먼저 $y=\sin x$에 대해 조사해볼까? 도함수에 대한 정의의 식인 3장의 (3.6.3)을 이용해서 구해야 되니까 이 식에 대입하면 다음과 같이 정리될 거야.

$$f'(x)=\lim_{\Delta x\to 0}\frac{\sin(x+\Delta x)-\sin x}{\Delta x} \tag{4.5.1}$$

$\sin(x+\Delta x)$를 어떻게 처리하지? 처음 보는 수식이라 막막하네.

(특별한 방법이 떠오르지 않아 고심하던 델타는 미분계수가 접선의 기울기란 점에 착안하여 도식적으로 유추해보기로 했다.)

도함수가 독립변수 x에 대한 종속변수인 $y=\sin x$의 미분계수를 뜻하는 것이고, 그 미분계수라는 것이 2차원의 좌표평면상에서는 접선의 기울기였지. 그러면 접선의 기울기만으로 결과를 예측해볼 수 있지 않을까?

$\sin x$는 2π를 주기로 해서 반복되는 주기함수이므로 사실 x가 $[0,\ 2\pi]$

인 구간에서만 따져도 모든 정보를 획득할 수 있을 거야. 분명 $\sin x$의 도함수도 2π를 주기로 같은 모양이 반복될 것이니까. 또한 앞의 절에서 언급했지만 구간 $\left[0, \frac{\pi}{2}\right]$의 곡선의 형태가 그대로 재현되고 있으니까, 결과적으로 $\left[0, \frac{\pi}{2}\right]$에서의 접선의 기울기 변화만 파악해도 $y=\sin x$의 미분계수의 전체적인 변화 흐름을 충분히 파악할 수 있어.

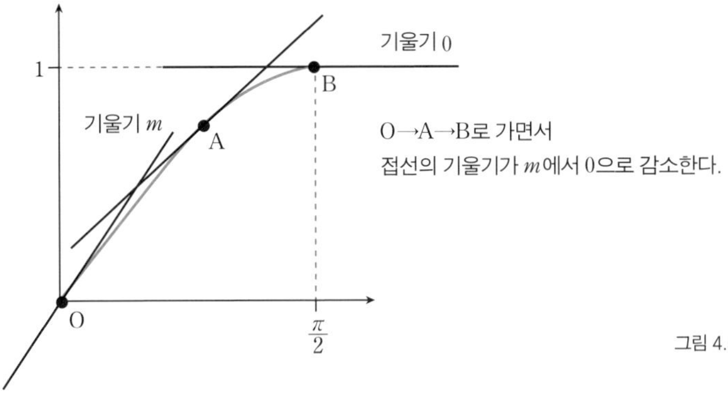

그림 4.5.1

그림 4.5.1에서 보다시피 $y=\sin x$의 접선의 기울기는 서서히 줄어들어가고 있어. 특히 $x=\frac{\pi}{2}$에서의 접선은 x축과 평행할 것이라는 점은 확실하므로 이때의 기울기는 당연히 0이 될 거야. 하지만 $x=0$에서의 접선의 기울기 $m(>0)$은 알기가 쉽지 않네.

이러한 정보를 가지고 구간 $[0, 2\pi]$에서 기울기의 변화 추이를 살펴보자.(그림 4.5.2의 ①) 구간 I에서는 m에서 시작해서 값이 줄어들어 0이 되고, 구간 II에서도 계속 줄어들어 $x=\pi$ 지점에서 기울기가 $-m$이 되겠지. $-m$인 이유는 곡선의 모양이 서로 대칭인 형태로 완전히 일치하기 때문에 $x=\pi$에서의 접선은 $x=0$과 비교하면 기울기의 방향은 다르더라도

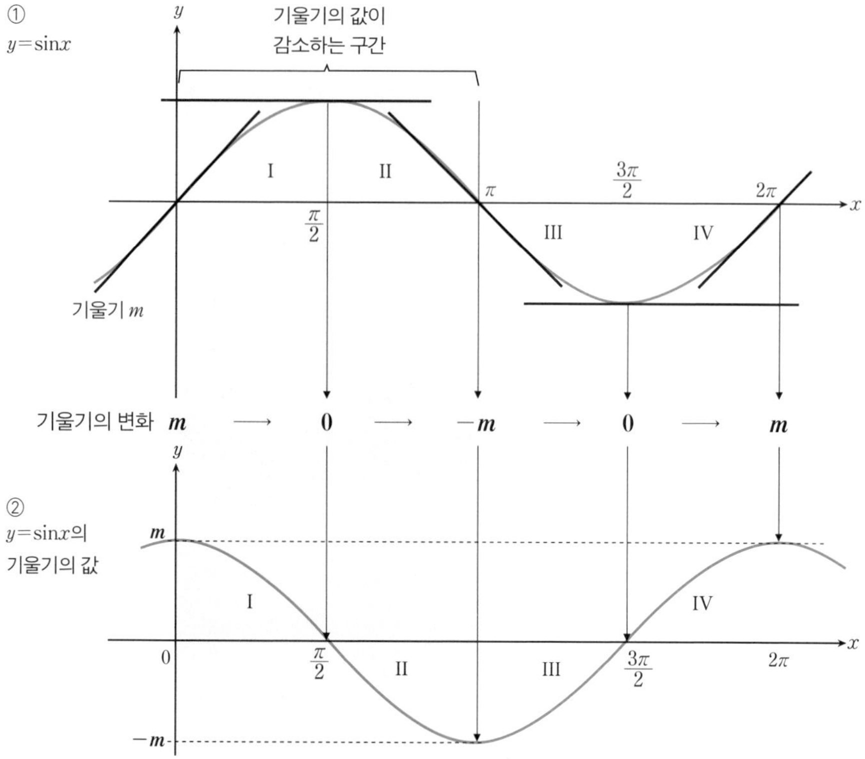

기울어진 정도가 같을 것이라는 점은 자명하잖아. 그리고 구간 Ⅲ과 Ⅳ에서 다시 증가하여 0을 지나 m으로 돌아오는 변화의 양상을 보임을 쉽게 알 수 있어.

그렇게 되면 $y=\sin x$의 도함수의 모양은 그림 4.5.2의 ②와 유사한 모양이 되겠어. 음? 모양이 또 다른 삼각함수인 $\cos x$와 상당히 유사한 형태인데? **혹시 $\sin x$의 도함수가 $\cos x$라는 것인가?** 그러면 $y=\sin x$의 $x=0$에서의 미분계수, 즉 접선의 기울기는 $\cos 0=1$이니까 1이라는 뜻인데. 왠지 직감적으로 맞을 것 같지만…….

가만 $x=0$에서의 미분계수가 진짜로 1이 되는지만 확인하면 되잖아? 만약 1이 나오면 그림 4.5.2의 ② 그래프가 $\cos x$라는 것이 어느 정도 입증되는 셈이니까. $y=\sin x$의 $x=0$에서의 미분계수는 식 (4.5.1)에서 $x=0$으로 바꾸면 충분하므로 다음의 식만 계산하면 되겠어.

$$f'(0)=\lim_{\Delta x \to 0}\frac{\sin(0+\Delta x)-\sin 0}{\Delta x}=\lim_{\Delta x \to 0}\frac{\sin \Delta x}{\Delta x} \tag{4.5.2}$$

식을 적어놓고 보니 이 정도는 그리 어렵지 않게 풀 수 있겠는데? 상당히 간단하게 보여.

$y=\sin x$의 함수에서 $x=0$에서의 미분계수가 과연 1이 될까?

극댓값과 극솟값

연속적인 운동에서 어느 지점에 변화가 생기는지를 감지하는 최고의 방법이 미분을 이용하는 것이다. x의 값이 0부터 2π의 값까지 변화할 때 본 절에서 논의한 $y=\sin x$는 $x=\frac{\pi}{2}$에서 그 점을 전후로 y값이 증가에서 감소로 바뀌고(극대점), $x=\frac{3\pi}{2}$에서 감소를 멈추고 증가를 시작한다(극소점). 이 두 지점의 공통점이 접선의 기울기가 0이라는 점에 착안하면, 미분이 가능한 임의의 함수 $y=f(x)$에서 이러한 지점은 **도함수의 값이 0, 즉 $f'(x)=0$**이 되는 x의 값에서이다. 이때 그 지점의 함수 $f(x)$의 값을 **극댓값** 혹은 **극솟값**이라 부른다.

$\frac{df(x)}{dx}=0$이 되는 점이 극대점 혹은 극소점이다.

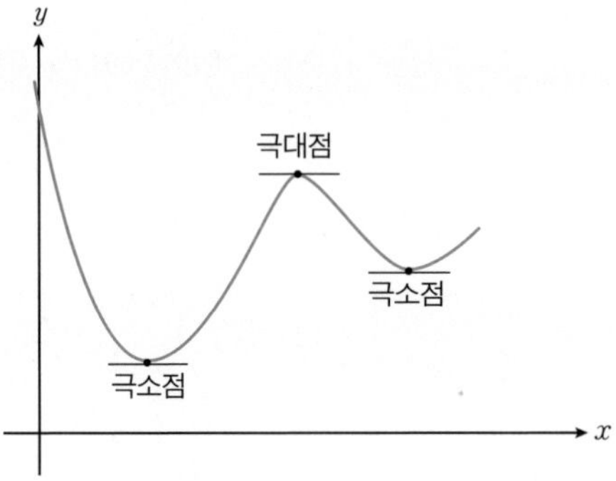

그림 4.5.3

06
대단한 통찰

(간단하게만 보이는 식 (4.5.2)의 계산은 예상 외로 델타에게 시련을 주었다. 어떻게 해서든지 자신이 알고 있는 영역으로 끌어들이려 노력했고, 기하학적인 방법을 사용해서 그림으로 해결하려고도 했지만 도저히 풀리지 않았다. 자신의 힘으로 해법을 찾으려고 여러 차례 도전했지만 현실은 번번이 실패만을 안겨주었다. 어느 날 저녁, 델타는 문제에 대한 생각은 완전히 잊어버린 채 TV 삼매경에 빠져 있었다. 오랜만에 아무런 생각 없이 리얼 버라이어티 쇼를 보다가 화장실에 갔고 일을 보던 중 불현듯 그럴듯한 아이디어가 떠올랐다.)

먼저 그림 4.6.1의 ①과 같이 반지름의 길이가 1이고 각도가 θ인 부채꼴의 넓이를 구해보자. 식 (4.4.3)을 이용하면 넓이는 다음과 같겠지.

$$S_1 = \frac{1}{2}\cdot 1^2 \cdot \theta = \frac{1}{2}\theta$$

그리고 이제 점 A와 점 B를 연결하여 그림 4.6.1의 ②와 같이 삼각형 OAB을 만드는 거야. 이 삼각형의 넓이는 당연히 부채꼴의 넓이보다 작

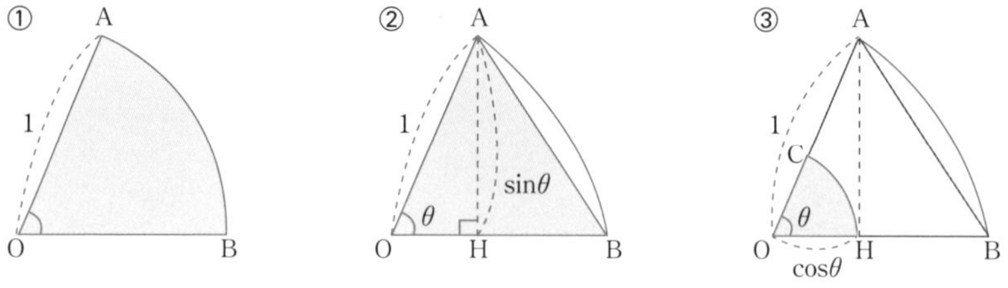

$S_1=\frac{1}{2}\theta$ $\qquad$ $S_2=\frac{1}{2}\sin\theta$ $\qquad$ $S_3=\frac{1}{2}\theta\cos^2\theta$

$$S_1 > S_2 > S_3$$

그림 4.6.1

아. 삼각형의 높이 $\overline{\mathrm{AH}}$는 $\triangle$OAH에서 삼각비의 정의를 이용하면 되므로,

$$\sin\theta=\frac{\overline{\mathrm{AH}}}{\overline{\mathrm{OA}}}=\frac{\overline{\mathrm{AH}}}{1},\ \therefore \overline{\mathrm{AH}}=\sin\theta$$

따라서 넓이는 다음과 같이 얻어져.

$$S_2=\frac{1}{2}\cdot 1\cdot\sin\theta=\frac{1}{2}\sin\theta$$

물론 $S_1>S_2$이지. 그리고 이번에는 길이 $\overline{\mathrm{OH}}=\cos\theta$를 반지름으로 하는 원을 중심 O에서 그리면 그림 4.6.1의 ③과 같은 부채꼴 $\overset{\frown}{\mathrm{OCH}}$가 형성될 것이고, 이 부채꼴의 넓이는 역시 식 (4.4.3)에 의해 다음과 같이 나올 거야.

$$S_3=\frac{1}{2}\cdot\cos^2\theta\cdot\theta=\frac{1}{2}\theta\cos^2\theta$$

방금 구한 부채꼴의 넓이는 ②의 삼각형 OAB보다는 작기 때문에 ①, ②, ③ 세 도형의 넓이는 $S_3<S_2<S_1$의 크기 순서를 가질 거야.

$$\frac{1}{2}\theta\cos^2\theta<\frac{1}{2}\sin\theta<\frac{1}{2}\theta$$

이 식에서 분수인 $\frac{1}{2}$은 의미가 없으니까 지워버리고, θ로 각 식을 나누면 다음과 같이 정리가 돼.

$$\cos^2\theta < \frac{\sin\theta}{\theta} < 1$$

(4.5.2) 식의 극한값이 바로 위의 식에서 중간에 위치하고 있어. 이제 위의 세 개 식에 대해 각각 θ를 0으로 근접시킬 때 $\left(\lim_{\theta\to 0}\right)$의 극한값을 각각 계산해보자.

$$\lim_{\theta\to 0}\cos^2\theta < \lim_{\theta\to 0}\frac{\sin\theta}{\theta} < \lim_{\theta\to 0} 1$$

$\lim_{\theta\to 0}\cos^2\theta = 1$은 쉽게 알 수 있고, $\lim_{\theta\to 0} 1$은 θ와 무관하므로 항상 1이 될 것이야. 결국 구하고자 한 $\lim_{\theta\to 0}\frac{\sin\theta}{\theta}$는 이 두 수에 끼여 있으므로 자연스럽게 1로 수렴해야 된다고 얘기할 수밖에 없어.

$$\therefore \lim_{\theta\to 0}\frac{\sin\theta}{\theta} = 1 \qquad (4.6.1)$$

우와, 단지 기하학적인 관점으로 이 극한값을 계산해낸 셈이야. 결론적으로 $\sin\theta$의 도함수는 $\cos\theta$라 할 수 있겠어. 논리적인 타당성은 아직까지 떨어지지만 말이야.

신기하게도 sin과 cos이 기가 막히게 서로 상관관계가 있구나. 주기함수라 그렇게 되는 것일까? 아무튼 유추한 게 맞다면 cos의 미분도 분명 sin이 나와야겠지.

(신이 난 델타는 $y=\cos x$의 도함수가 $\sin x$가 될 것으로 예상하면서 같은 방법으로 구해보았다. 예상에서 벗어난 것은 음의 부호가 붙어 '$-\sin x$'가 된 것이었다. cos의 그래프에서 확인할 수 있지만 1사분면에서 접선의 기울기는 0에서 시작해 -1로 줄어들므로 $\cos x$의 도함수가 $-\sin x$가 되는 것은 충분히 이해할 만했

다. 결국 델타가 기하학적인 관점으로 얻은 삼각함수의 도함수는 다음과 같다.)

$$y = \sin x \longrightarrow \frac{d}{dx}\sin x = \cos x$$
$$y = \cos x \longrightarrow \frac{d}{dx}\cos x = -\sin x$$

직감적으로 분명 맞는 것 같지만 어딘가 찜찜해. 아무래도 삼각함수의 도함수를 수식으로 정확하게 보이는 방법을 찾아봐야겠어.

샌드위치정리

주어진 함수 $f(x)$의 극한값을 구할 때 직접 구하기 힘든 경우 좌극한과 우극한의 개념과 비슷하게 서로 다른 두 함수 $g(x)$와 $h(x)$에 대한 극한을 상호비교하여 $f(x)$에 대한 극한값을 결정하는 것을 **샌드위치정리**라고 한다.

$f(x)$, $g(x)$, $h(x)$의 극한값이 특정구간에서 존재하고 이 구간에서 $g(x) \leqq f(x) \leqq h(x)$가 성립하여 아래의 식을 만족하면 $f(x)$의 극한값은 a가 된다.

$$\lim_{x \to c} g(x) = \lim_{x \to c} h(x) = a \text{ 이면 } \lim_{x \to c} f(x) = a$$

07

삼각함수의 덧셈정리

(델타는 $y=\sin x$의 도함수를 구하는 식 (4.5.1)을 다시 적어놓고 고민에 빠졌다.)

$$f'(x)=\lim_{\Delta x\longrightarrow 0}\frac{\sin(x+\Delta x)-\sin x}{\Delta x} \tag{4.7.1}$$

이 식의 결과가 $\cos x$가 나와야 얘기가 될 텐데. $\sin(x+\Delta x)$가 문제로구나.

(아무리 쥐어짜도 해결책은 오리무중이었다.)

역으로 한번 추적해보자. (4.7.1)의 식을 계산한 결과가 $\cos x$가 나오기 위해서는 분자가 어떤 꼴이어야 할까?

$$\sin(x+\Delta x)-\sin x=(\Delta x\cos x+\sin x)-\sin x$$

만약 이런 식이면 $\sin x$는 없어지고 Δx는 분모의 Δx로 나눠지니까 남는 것은 $\cos x$뿐이야. 그런데 모양이 맘에 들지 않네. Δx를 y로 바꿔서 식을 적으면 $\sin(x+y)$가 다음의 식이란 얘기잖아.

$$\sin(x+y)=y\cos x+\sin x$$

하지만 x와 y에 값을 대입하면 양변이 전혀 다른 결과가 도출되거든. 그리고 식도 대칭을 이뤄야 할 것 같아. 이건 아니야. 다시 처음부터 생각해보자.

(델타는 $\sin(x+y)$가 x와 y가 바뀌어도 값에 영향을 주지 않는 대칭적인 모양을 탐색하면서 (4.7.1)이 $\cos x$가 나올 수 있게 수많은 시행착오를 거듭했다. 그리고 다음과 같은 예상 결과를 얻어냈다.)

$$\sin(x+y)=\sin x\cos y+\cos x\sin y \tag{4.7.2}$$

그래, 이런 식이면 $\cos x$가 나오겠어.

$$\sin(x+\Delta x)-\sin x=\sin x\cos\Delta x+\cos x\sin\Delta x-\sin x$$

이므로 그대로 (4.7.1)에 대입하면

$$f'(x)=\lim_{\Delta x\to 0}\frac{\sin x\cos\Delta x+\cos x\sin\Delta x-\sin x}{\Delta x}$$

이고 Δx는 무한소이므로 $\cos\Delta x=1$이 될 것이야. 그러면 $\sin x\cos\Delta x$는 $\sin x$가 되어 결국 지워지게 돼. 남는 식만 적어 계산하면……

$$f'(x)=\lim_{\Delta x\to 0}\frac{\cos x\sin\Delta x}{\Delta x}=\cos x\lim_{\Delta x\to 0}\frac{\sin\Delta x}{\Delta x}=\cos x \text{ (식 (4.6.1)에 의해)}$$

(맞아떨어지자 흥분할 수밖에 없었다. (4.7.1)의 식이 정확한지 몇 가지 값을 가지고 확인하니 과연 정확했다. 하지만 유도하는 것은 어려웠고 이미 확신에

차 있었던지라 증명에 대해서는 자료를 뒤져 알아냈다. 이에 관한 내용은 이번 절 '삼각함수 덧셈정리의 증명'에 정리했다.)

가만, 여기서 sin$x$의 x가 라디안이기 때문에 미분하면 cos$x$가 나오게 된 것은 아닐까? 앞 절에서 부채꼴의 넓이는 라디안으로 계산했어. 그리고 이번 절의 계산도 같은 맥락이었어. 이렇게 되면 라디안을 실수로 처리가 가능하다는 의미이지 않나! **라디안을 반지름과 같은 호의 길이로 이루어진 각이라 정의해야 미분이 가능하고, 그러기에 라디안을 실수로 처리할 수 있다는 뜻이야.** 라디안이 이런 비밀을 간직하고 있었구나.

삼각함수 덧셈정리의 증명

삼각함수를 공부하다보면 등장하는 식이 많아 어려움을 겪는다. 그러나 이러한 공식들은 오히려 복잡한 식의 계산을 간단하게 하는 이점이 있고, 적분을 할 때도 상당히 많은 도움을 준다. 그중 **삼각함수의 덧셈정리**는 삼각함수의 여러 공식의 시발점이다. 나머지 공식들은 여기에서 자연스럽게 유도되므로 반드시 알아둬야 할 중요한 식이다.

증명할 공식은 다음과 같다.

$$\sin(\alpha+\beta)=\sin\alpha\cos\beta+\cos\alpha\sin\beta \tag{4.7.3}$$

$$\cos(\alpha+\beta)=\cos\alpha\cos\beta-\sin\alpha\sin\beta \tag{4.7.4}$$

앞의 식의 증명은 여러 가지 방법이 있다. 본 책에서는 그중 가장 간단하다고 할 수 있는 기하학적인 증명 방법을 소개한다.

그림에서 $\angle\mathrm{CBA}=\alpha$, $\angle\mathrm{CAB}=\beta$라고 하면 $\angle\mathrm{OCA}=\alpha+\beta$가 됨은 자명하

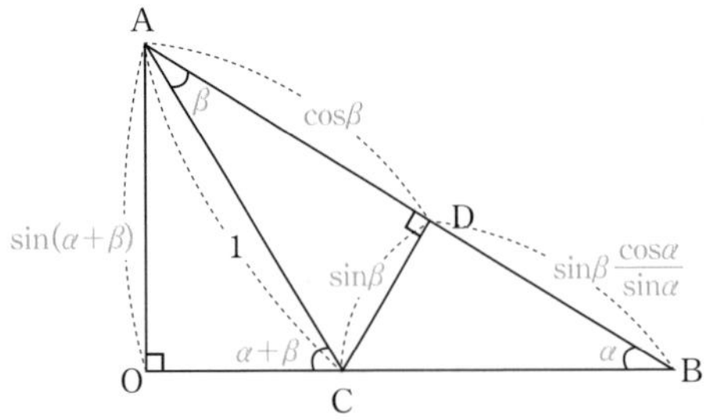

그림 4.7.1

다. 이때 변 $\overline{AC}$의 길이를 1이라고 하면 △ACD에서 삼각비의 정의에 의해

$$\overline{AD}=\cos\beta,\ \ \overline{CD}=\sin\beta$$

가 된다. 또한 선분 $\overline{CD}$의 길이가 정해졌으므로 △CDB에서도 삼각비의 정의에 따라

$$\tan\alpha=\frac{\sin\beta}{\overline{BD}} \longrightarrow \therefore \overline{BD}=\frac{\sin\beta}{\tan\alpha}=\frac{\cos\alpha\sin\beta}{\sin\alpha}$$

이다. 따라서 변 $\overline{AB}$의 길이는 $\overline{AD}+\overline{DB}$이므로 다음과 같다.

$$\overline{AB}=\cos\beta+\frac{\cos\alpha\sin\beta}{\sin\alpha}$$

한편 변 $\overline{AO}$의 길이는 △OAC에서는 $\sin(\alpha+\beta)$이고 또한 △OAB에서는 $\overline{AO}=\overline{AB}\times\sin\alpha$이기도 하다.

$$\sin(\alpha+\beta)=\left(\cos\beta+\frac{\cos\alpha\sin\beta}{\sin\alpha}\right)\times\sin\alpha=\sin\alpha\cos\beta+\cos\alpha\sin\beta$$

이로써 식 (4.7.2)가 성립됨을 알 수 있다. 식 (4.7.3)도 같은 방법으로 증명이 가능하다. 이 덧셈정리로부터 다음의 몇 가지 식이 자연스럽게 유도된다. 먼저 두 개의 각 α와 β가 같다고 할 때, 즉 $\alpha=\beta$이면 (4.7.3)과 (4.7.4)의 두 식은 다음과 같은 관계식이 성립된다.

$$\sin 2\alpha = 2\sin\alpha\cos\alpha \tag{4.7.5}$$

$$\cos 2\alpha = \cos^2\alpha - \sin^2\alpha \tag{4.7.6}$$

특히 (4.7.5)는 $\sin^2\alpha + \cos^2\alpha = 1$이라는 성질에 의해 다음과 같이 쓰이기도 한다.

$$\cos 2\alpha = 2\cos^2\alpha - 1 = 1 - 2\sin^2\alpha \tag{4.7.7}$$

혹은

$$\cos^2\alpha = \frac{1+\cos 2\alpha}{2} \tag{4.7.8}$$

$$\sin^2\alpha = \frac{1-\cos 2\alpha}{2} \tag{4.7.9}$$

이다. 따라서 덧셈정리인 (4.7.3)과 (4.7.4)의 두 식만 정확히 기억하고 있으면 나머지 식은 쉽게 유도할 수 있다.

쉬어가기 코너

음악이 연주하는 수학 이야기

직각삼각형에서 빗변의 제곱이 나머지 두 변의 제곱의 합과 같다는 정리를 발견한 피타고라스. 그의 또 다른 업적은 음계를 만든 일이다. 집 근처 대장간에서 들려오는 망치 소리가 가끔 화음을 이룬다는 사실에 착안하였다는 일설이 있는데, 그는 어떤 원리를 가지고 음계를 창안했을까?

기타 줄을 튕기면 일정한 시간 간격을 두고 진동하는데 그 꼴이 이번 장에서 다루었던 사인파의 그래프로 나타난다. 즉, 현이 사인파로 공기를 진동시키면서 소리를 발생시키는 것이다. 그림 1의 (a)와 같이 길이가 l인 현을 튕기면 상하 진동을 하고 제자리로 오게 되는데 이 시간(주기)을 T라 하자. 하지만 현의 길이를 2배로 늘인 길이 $2l$인 현은 제자리로 오는 데 두 배의 시간인 2T가 걸리는 만큼 공기도 덜 진동시켜 진동의 세기가 반으로 줄어든다.(그림 1의 (b)) 사인파의 길이, 즉 파장이 2배 늘어난 대신 공기의 진동은 $\frac{1}{2}$로 감소하게 되는 것이다. 이때 단위 시간당 진동하는 횟수를 진동수라 하여, 주기와 진동수(f)는 다음과 같은 관계가 성립된다.

$$T=\frac{1}{f}$$

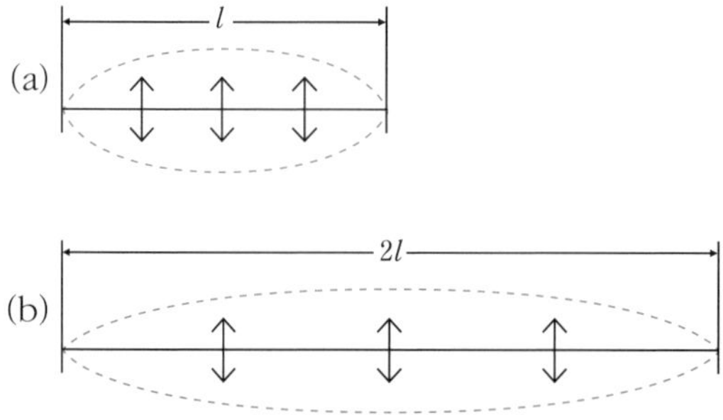

그림 1

길이가 두 배이면
제자리로 돌아오는 시간도
두 배 더 소요된다.

이처럼 단위 시간당 얼마나 빨리 진동하느냐에 따라 소리의 차이가 발생하는데, 서양 음악의 기본음 조직을 구성하고 있는 **옥타브**가 바로 어떤 기본음의 고유진동수와 서로 비례관계를 이루는 음들로 구성된 체계이다. 여기서 한 옥타브란 어떤 음의 주파수(f)와 그 음의 2배의 주파수($2f$)음의 관계로 f와 $2f$ 사이를 말한다.

피타고라스는 일정한 길이의 현을 여러 정수비로 조율해나가면서 인간의 귀를 편안하게 하는 소리의 주파수 비를 찾아낸 것이다. 다음은 그 과정이다.

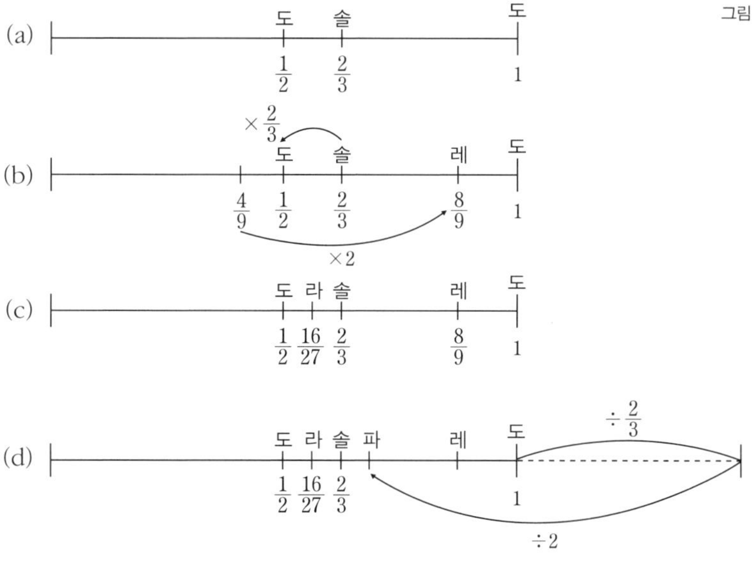

그림 2

완전 5도는 정수비인 2:3의 비율 $\frac{2}{3}$를 이전 현의 길이에 곱해가면서 옥타브를 만들어가는 것이다. 즉, 5도를 높인다는 것은 $\frac{2}{3}$를 곱해준다는 의미이다. 이 과정에서 음정이 옥타브를 벗어나게 되는 경우가 발생하는데 이때에는 현의 길이를 늘이거나 줄여서 음계를 한 옥타브 안에 정렬시켜준다. 그림 2의 과정을 단계별로 살펴보자.

(a) 현의 길이를 1이라 할 때, 끝 지점이 낮은 음의 '도', $\frac{1}{2}$ 되는 지점이 높은 음의 '도'가 된다. 이때 현의 길이의 $\frac{2}{3}$를 곱한 지점의 음이 '솔'이다.

(b) '솔'의 지점에 역시 $\frac{2}{3}$를 곱해주면 현의 길이는 $\frac{4}{9}$가 되어 옥타브 밖으로 벗어나게 되므로 길이를 두 배 늘인 $\frac{8}{9}$지점에서 음을 만들 수 있고 그 음이 '레'가 된다.

(c) 이제 '레'에 $\frac{2}{3}$를 곱하여 $\frac{16}{27}$의 길이에 해당하는 지점이 '라'가 되고, 계속 이런 방법으로 음을 만들어갈 수 있다.

(d) 단지 '파'는 낮은 음의 '도'보다 5도 낮은 음이라고 하여 $\frac{2}{3}$를 반대로 나눠주게 되고, 옥타브 안에 정렬시키기 위해 2로 나눈 지점이 '파'가 된다.

이렇게 만들어진 음의 진동수를 비교하면 다음의 표와 같다. 진동수는 앞서 주기의 역수라고 했고 주기는 파의 길이에 비례하므로 진동수는 현의 길이의 역수가 된다. 물론 현의 고유진동수가 있기 때문에 낮은 음의 도의 진동수가 1이라고 할 수는 없지만 여기에서는 편의상 1이라고 하자.

음계	도	레	미	파	솔	라	시	도
현의 길이	1	$\frac{8}{9}$	$\frac{64}{81}$	$\frac{3}{4}$	$\frac{2}{3}$	$\frac{16}{27}$	$\frac{128}{243}$	$\frac{1}{2}$
진동수	1	$\frac{9}{8}$	$\frac{81}{64}$	$\frac{4}{3}$	$\frac{3}{2}$	$\frac{27}{16}$	$\frac{243}{128}$	2

진동수의 관계를 살펴보면 도 → 레, 레 → 미, 파 → 솔, 솔 → 라, 라 → 시는 진동수에 $\frac{9}{8}$를 곱하지만 미 → 파, 시 → 도는 $\frac{256}{243}$을 곱한 값이 됨을 알 수 있다. 음계 7개의 서로 간의 관계에서 9:8의 관계가 있는 음정을 전음, 256:243 음정을 반음이라 한다. 반음이 나오게 된 것이 이런 원리로 음계를 만들었기 때문이다.

피타고라스의 음계는 완전 5도의 음계에서는 완벽한 화음을 일으키지만, 온음과 반음의 정확한 비례관계가 성립되지 않는 등 곤란한 점이 있어 조바꿈을 하기가 어려운 단점을 가지고 있다. 이를 개선하기 위해 여러 음계가 만들어졌는데 이들 음계 역시 진동수와 비례관계를 이용하였다.

아름답고 감미로운 선율을 전달하는 음악 속에 수학의 논리가 들어 있다. 이러한 사실로부터 여러분은 음악이 오히려 딱딱하게 느껴지는가? 아니면 수학이 음악과 같이 아름다움을 연구하는 학문이라고 여겨지는가?

연습문제

4.1

그림과 같은 삼각형에서 $\theta=36^\circ$, $\phi=72^\circ$이다. 이 삼각형을 이용해서 $\cos72^\circ$의 값을 구하라.

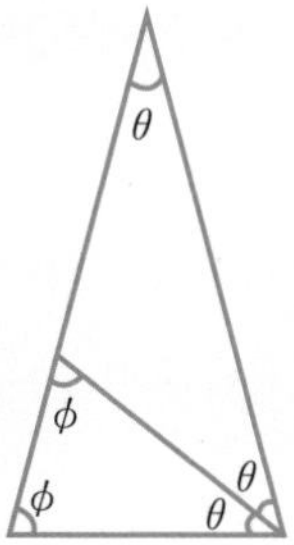

4.2

삼각함수의 덧셈 공식을 이용하여 다음의 값을 구하라.

$$\sin15^\circ$$

4.3

길이가 a인 철사를 구부려 부채꼴을 만들 때, 그 넓이 S를 최대한으로 하기 위해서는 반지름과 중심각을 얼마로 하면 되는가?

4.4

다음 삼차함수의 극댓값과 극솟값을 구하라.

$$y=x^3-3x^2-9x+6$$

일부의 조각이 전체와 비슷한 기하학적 형태를 가진 프랙탈 구조는 불규칙하며 혼란스러워 보이지만 전체를 지배하는 규칙을 가지고 있다. 프랙탈은 무한개의 사각형과 삼각형으로 이뤄졌지만 놀랍게도 무한개의 변의 길이와 넓이의 합은 유한한 값을 가진다.

5장

미분이 보이는 적분의 원리

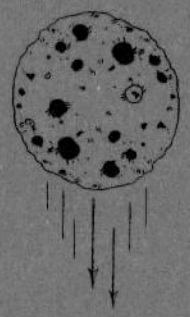

속도로부터 거리를 얻게 되는 과정이 곧 적분이 되며, 이것은 미분의 역의 과정이기도 하다. 이번 장에서는 적분의 본질을 이해하고 그 위력을 체험한다.

01
전략에 따라서

달이 떨어지는 시간을 구하려다가 생각지 못했던 재미나고 신비한 정보를 꽤 얻어낸 것 같아. 미세한 변화의 정도는 미분으로 알아낼 수 있다는 중요한 배움도 얻었어. 거기에서 마술을 부리는 무한소의 존재를 이해하기도 했지. 삼각함수의 정의와 라디안이 갖는 의미도 알아보았고. 이제 무엇을 해야 되더라?

그렇지, 3장의 (2)절에서 전략을 세웠었지.(그림 3.2.1과 3.2.2) 가끔 내가 무엇을 하고 있는지 잊어버린단 말이야. 다시 확인하는 차원에서 더 들어보면 달의 운동방정식을 해결해야 지구와 달의 충돌시간을 계산할 수 있을 것이라는 점은 파악했어. 그런데 이 방정식이 거리와 가속도의 식으로 표현되어 있어 난해하였거든.

$$g = \frac{GM}{x^2}$$

그래서 가속도와 거리는 모두 시간에 관계되므로, 먼저 시간에 대한

그림 5.1.1

거리의 정보로부터 속도, 그리고 속도에서 가속도를 얻어내는 방법을 조사했어. 여기에서 미분을 알게 되었지. 이 과정을 약간 수정해서 다시 도시하면 그림 5.1.1의 '전략 A'이고, 이제는 **역으로 가속도에서 속도, 속도에서 거리의 정보를 빼낼 수 있는 방법을 찾아야 하는 시점이야.(전략 B)** 이것이 해결되고 나면 마지막으로 달의 운동방정식을 전략 A나 B로 끌어와서 해결하자는 것이 계획이었지.

어떻게 접근할까? '전략 A'를 해결할 때 자동차의 무인 속도측정기의 원리에 착안했듯이 이번에도 자동차에서 뭔가 힌트를 얻어낼 수 있지 않을까? 아버지께 또 부탁드려볼까? 아니야, 이번에는 내 머릿속에서 상상의 날개를 펼쳐보자. 차 타고서 다닌 적이 어디 한두 번인가? 어디가 주로 막히는지 대충 감은 잡고 있으니까. 얼마 전에 이천 도자기마을에 갔었잖아. 물레로 도자기 만드는 과정을 보면서 도자기가 지닌 곡선의 부드러움과 대칭의 조화에 감탄했었지. 내가 만들었다면 그런 모양이 안 나왔을 텐데! 사람마다 만드는 도자기가 제각각이듯 유한한 흙 속에 무한의 도자기가 숨어 있어. 계속 이런 고민을 하다보니 도자기를 생각하면서 무한이라는 단어가 떠오르네. 좋은 현상인가? 직업병이 달리 생기는 게 아닌가봐.

어쨌든 그 당시 차가 막혀서 집에서 고속도로까지 진입하는 데 시간이 꽤 걸렸었지. 고속도로 진입로까지 거리가 얼마나 되더라? 지도책을 보면서 생각해보자. 대략 20km 정도 될 것 같네. 일단 이 거리를 가는

데 30분이 소요되었다고 하자. 그렇게 놓고 보니 평균속도가 고작 시속 40km밖에 되지 않겠어. 고속도로 진입하고 나서 서이천 IC까지의 거리는 대략 25km 정도이네. 고속도로에서는 차가 막히지 않았으니까 시속 100km로 일정하게 달렸다고 하면 15분 만에 갔다고 할 수 있겠지.

이처럼 상상하니까 모든 시간대별 속도의 정보를 가지고 그래프를 그릴 수 있겠어.(그림 5.1.2)

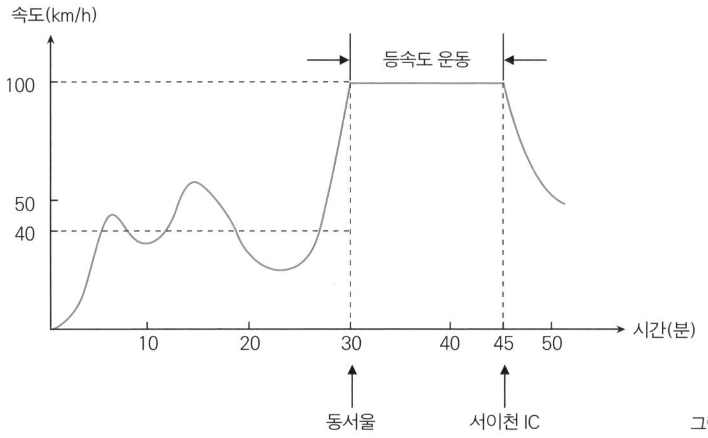

그림 5.1.2

그래프만으로 보면 서울을 빠져 나오는 데 걸린 시간이 30분이라는 점은 알아도 몇 km를 주행했는지는 알 수 없어. 물론 이 시간 동안 20km를 주행했다는 건 알고 있지만 만약 이 그래프만으로 판단하라고 하면 차로 간 거리를 알 수 없지. 고속도로를 진입한 30분 이후 15분 동안에는 시속 100km로 달렸으니까 25km를 진행했다는 점은 쉽게 알 수 있어. 확실히 이 구간에서는 등속도운동이라 움직인 거리를 알기 쉬워. 문제는 처음 30분까지의 속도의 정보에서 거리의 정보를 얻어내는 것인데 구하기가 어렵네. 구할 수 있기는 한 것일까? 아니야, 30분에서 45분까지는 등속도운동이지만 분명 속도의 정보에서 움직인 거리를 구할 수 있었다는 것은 상황이 더 복잡해도 충분히 거리의 정보를 빼낼 수 있다는 뜻으로 해석되어야 할 거야.

처음 30분 동안의 평균속도가 시속 40km라는 것은 직접 운행했기 때문에 알고 있지만 그림 5.1.2의 정보로만 0에서 30분까지의 평균속도가 40km인지는 알 수 없잖아. 흠, 이처럼 복잡한 운동을 평균속도를 구해 등속도운동으로 바꾸면 해결할 수 있지 않을까? 하지만 어떻게 평균속도를 구한담? 그림 5.1.3의 ②와 같으면 시간에다 속도를 곱해서 거리를 구할 수 있어. 사각형의 넓이가 곧 움직인 거리를 뜻하니까. 어? 혹시 그러면 직접 ①에서도 빗금 친 넓이를 구하면 되지 않나?

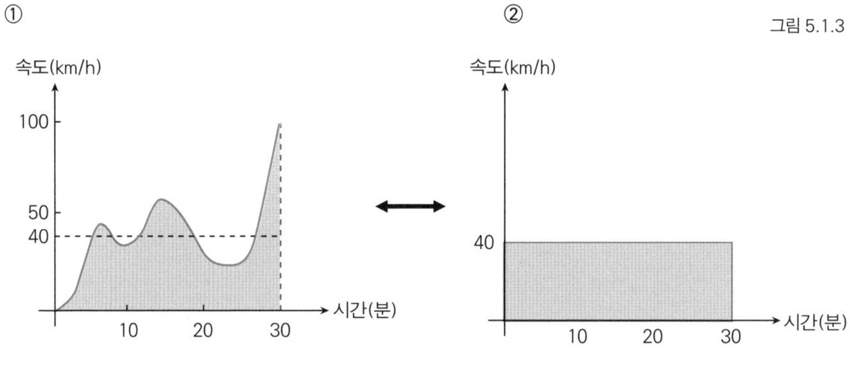

그림 5.1.3

속도의 정보만 주어진 상황에서 그림 ①의 빗금 친 넓이를 어떻게 구할까?

02

막강한 분할의 힘

다음의 표와 같이 시간별로 속도의 정보가 주어져 있다고 하면 움직인 거리를 구할 수 있지 않을까?

표 5.2.1 **시간에 따른 속도의 값**

시간(초)	0	1	2	3	4	5	6	7	8	9	10
속도(m/sec)	0	2	3	5	4	4	3	6	7	4	2

1초 간격으로 속도가 표시되어 있어 난감하네. 이 데이터로는 거리를 정확하게 구할 수 없어. 일단은 1초일 때의 속도가 2m/sec이니까 0~1초 동안은 이 속도로 움직였다고 생각하면서 대략의 거리를 구할 수밖에.

$$1\times2+1\times3+1\times5+1\times4+1\times4+$$
$$1\times3+1\times6+1\times7+1\times4+1\times2$$
$$=40\text{m}$$

40m라는 값을 얻긴 했지만 더 정확한 거리의 값을 얻기 위해서는 더 많은 데이터를 필요로 해. 이 말은 곧 시간의 간격이 더 조밀한 데이터이어야 한다는 의미겠지. 따라서 0.1초, 0.01초, …로 시간 간격을 줄인다면? 앗, 무한소의 등장이다! 앞서 알아본 미분 개념을 여기에 적용해서 시간을 무한소로 처리하여 계산하면 움직인 정확한 거리를 구할 수 있겠는데……. 역시 경험이 지혜야. 하지만 한없이 시간 간격을 줄여나가면 결국 데이터가 무한개가 되는데?

시간(초)	0	0.1	0.2	0.3	…………	9.8	9.9	10.0
속도(m/sec)	0	0.1	0.3	0.4	…………	2.5	2.3	2.0

총 100개(0초 제외)

↓

시간(초)	0	0.01	0.02	0.03	…………	9.98	9.99	10.00
속도(m/sec)	0	0.01	0.03	0.04	…………	2.03	2.02	2.00

총 1000개(0초 제외)

↓

시간 간격이 작아질수록 자료의 수가 급증한다. 표 5.2.2

생각을 좀 더 정리해보자. 미분이라는 지식을 쌓을 때 순간적인 속도를 구할 수 없으므로 구간속도를 구하는 대신 구간을 좁혀나가면서 극한값을 구하여 순간속도를 구할 수 있었어. 지금의 경우에서도 움직인 거리를 구하기 위해 시간 간격을 좁혀 무한소로 처리하여 해결하려 했는데 그 결과 데이터의 수가 무한해졌어. 일단 이 상황을 그래프로 도시하여

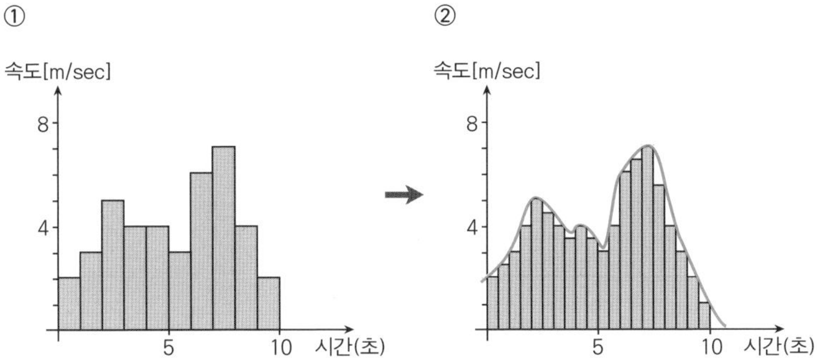

빗금 친 넓이가 움직인 거리. 오른쪽 그림의 빗금 친 넓이가 실제의 값에 더 가깝다. 그림 5.2.1

다시 생각해볼까?

그림 5.2.1의 ①이 앞의 표 5.2.1의 정보를 도시한 것이고 이때 10개의 직사각형 넓이의 합이 움직인 거리가 되겠지. 그리고 0.1초 간격의 데이터는 그리기 조금 어려우니까 시간을 0.5초 간격으로 놓고 생각해보자. 그럼 그림 ②에서처럼 20개의 직사각형이 생기고, 역시 이 20개의 직사각형의 합이 움직인 거리의 근삿값이 되겠지. 당연히 ①의 경우보다는 더 정확한 값이겠고.

음, 그림을 보니 재밌는 현상이 보이네. 간격을 좁혀나갈수록 생겨난 직사각형 외부의 윤곽이 모든 시간에 대해 얻었을 때의 속도의 그래프(그림 5.2.1 ②의 실선)와 비슷하게 되고 있지 않나? 확실히 시간의 간격을 좁힐수록 얻어질 자료의 수는 급증하지만 그것을 도식화하면 실제의 속도 곡선에 근접하게 될 거야.

정리하면 이렇게 말할 수 있겠어. 시간에 대한 속도의 정보가 주어져 있을 때 속도를 시간의 그래프로 표시하면 분명 그림 ②의 실선의 곡선이 될 것이고, 그러면 거리는 이 곡선으로 둘러싸인 넓이가 되겠지. 그리고 이 넓이를 구하기 위해서는 직사각형으로 분할해서 접근하는 방법이 효율적이라는 것이 아닌가? 그림 ②처럼 20개의 직사각형으로 분할할 것이 아니라 그 이상으로 분할할수록 실제의 곡선 넓이에 근사하게 되고, 이 수를 계속 늘리면 비록 무한개의 직사각형의 개수가 생기지만 이들의 넓이의 합이 곧 곡선으로 둘러싸인 넓이가 되는 것이야.

마치 **미분에서 접선의 기울기를 구할 때 무한소를 무한소로 나눠 수렴하는 값**을 구해 접선의 기울기를 얻어낸 것과 같은 맥락이라 볼 수 있겠어. 곡선으로 둘러싸인 넓이를, 무한개의 직사각형으로 분할하여 더해진 합이 수렴하는 값으로 구한다는 것이야.(그림 5.2.2)

미분과 적분의 비교 그림 5.2.2

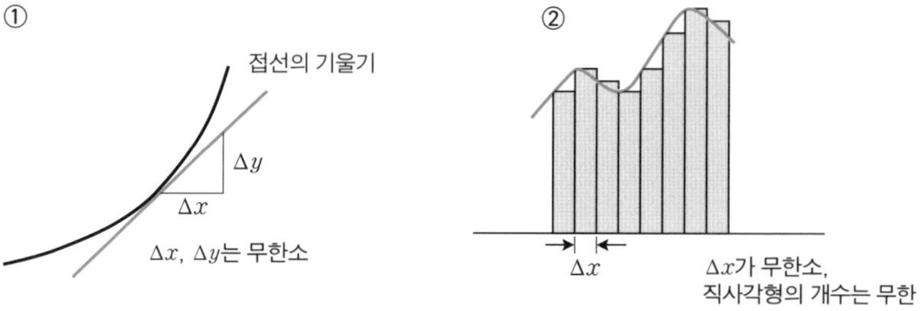

접선의 기울기 $\dfrac{\Delta y}{\Delta x} \Longrightarrow \dfrac{\text{무한소}}{\text{무한소}}$

넓이 $\Delta x \times \infty \Longrightarrow$ 무한소×무한대

위의 그림 5.2.2의 ②와 같이 직사각형의 개수가 늘어날수록 밑변은 무한소가 되어서 결국 각각의 직사각형은 무한소의 넓이를 가지게 되고, 반면 이러한 직사각형의 개수는 무한개가 될 것이므로 **무한개의 무한소의 직사각형의 합이라는 것은, 의미상으로 보면 무한대와 무한소를 곱해서 곡선의 넓**

이를 구하는 것이겠네. 경험상 무한소를 무한소로 나누는 것이 가능했듯이 무한소와 무한대를 곱하는 것도 계산이 가능할 것 같아.

그러고 보니 무한대의 역수가 곧 무한소이잖아. 또 무한소의 역수가 무한대이고.

$$\frac{1}{\text{무한대}(\infty)} \rightarrow \text{무한소}(0)(\text{무한소})$$

$$\frac{1}{\text{무한소}(0)} \rightarrow \text{무한대}(\infty)$$

(무한소에 대해 어느 정도 개념이 잡혀 있어서 그런지 델타는 이 의문을 쉽게 해결할 수 있었다.)

그러니까 무한소와 무한대의 곱이라는 것은 곧 무한소와 무한소를 나누는 것과 같은 의미야. 결국 무한소와 무한대의 곱은 계산이 가능하여 어느 값에 수렴할 수 있어!(그림 5.2.3)

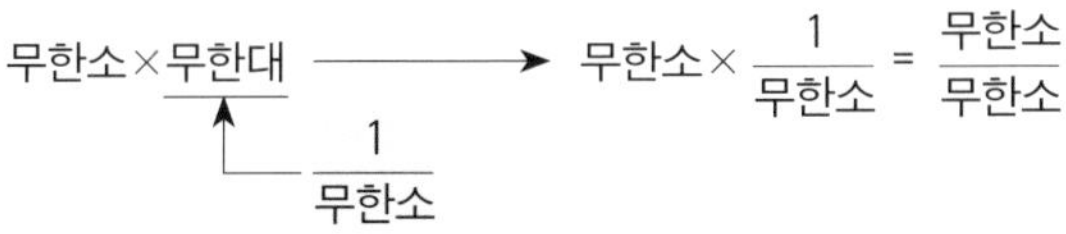

그림 5.2.3

과연 무한소의 위력은 대단하구나.

그러면 구간을 작게 할수록 엄청나게 많아지는 사각형의 넓이의 합을 어떻게 쉽고 효과적으로 구할 수 있을까?

구분구적법

곡면으로 이루어진 도형의 넓이나 물체의 부피를 구할 때에는 직접 구하는 방법은 존재하지 않는다. 따라서 본문에서처럼 아주 작게 분할하여 실제의 값에 근사하게 되는 원리를 이용한다.

수학적인 언어로 살피면 다음과 같다. $y=f(x)$인 곡선에서 $x=a$와 $x=b$ 사이의 넓이를 그림 5.2.4와 같이 어떤 임의의 수 n으로 등분했을 때 n개의 직사각형이 생긴다. 이 n개의 직사각형의 넓이 S_n을 구할 때 n의 수가 커지면 실제의 넓이의 값에 가까워지므로 n이 무한하게 될 때의 S_n의 극한값 S가 넓이가 된다. 이 과정이 **구분구적법(區分求積法)**이다. 그리고 이를 더 축약해서 영어 summation에서의 s를 길게 늘어뜨린 $\int$(인테그랄)인 기호를 사용하여 함수 $f(x)$의 구간 a와 b 사이의 넓이를 다음과 같이 표현한다.

$$\int_a^b f(x)\,dx$$

즉, 위의 식은 **"함수 $f(x)$에서 구간 a와 b 사이의 넓이이고 이는 무한의 등분을 통해 얻는다"**라는 의미를 내포하고 있다. 물론 꼭 넓이만 구하는 것은 아니지만 본 내용에서는 이 의미로 해석해도 충분하다. 이를 총칭해 '**적분(積分)**'이라 한다.

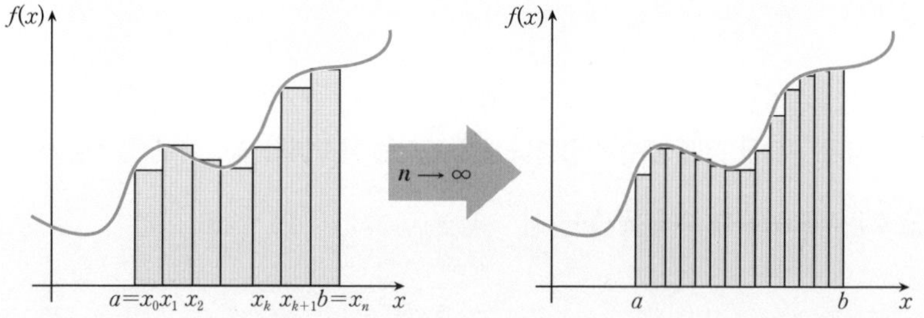

그림 5.2.4

03
미분과 적분의 관계

아하, 무한등분한 합을 구하는 과정이 적분이구나. **적분은 무한소의 집합**이다, 이렇게 정리할 수 있겠어. 얘기로만 듣던 적분이 이런 의미였다니. 굉장히 심오하고 이해하기 힘든 원리일 것이라 막연히 생각해왔는데 알고 보니 그렇지만도 않구나. 더 놀라운 건 기호야. $\int$이라는 기호 하나로 이 모든 생각을 간단하게 표현하다니. 참으로 대단하네.

확실히 추론은 정확했어. 시간의 함수로 주어진 속도 $v=f(t)$의 그래프에서 넓이가 움직인 거리이고, 이 넓이는 무한등분을 이용해서 구한다는 발상은 아주 훌륭한 것 같아. 가만, 앞서 거리를 미분하면 속도였는데 지금은 속도의 정보로부터 적분과정을 거쳐 거리가 나오지 않나? 하긴 그림 5.1.1의 '전략 B'가 역의 과정이었으므로 당연하다고 할 수 있겠어. 이 점에 미루어본다면 **미분의 역의 과정이 적분**이 되는 것일까?

거리를 미분하면 속도가 되었고, 반대로 속도에 대한 곡선의 넓이를 구하면 거리가 나왔어. 적분이 미분의 역의 과정이라 하면…… $y=x^n$을 미분한 경우에서 뭔가 끄집어낼 수 있을 것 같은데? 그 수식이 어디에 있었더라? 식 (3.7.3)이구나. 다시 적어보면…….

$$y=x^n\text{의 도함수는 }\frac{dy}{dx}=nx^{n-1}$$

적분이 미분의 역의 과정이라면 x^n을 미분하여 nx^{n-1}이 되므로 nx^{n-1}을 적분하면 x^n이 나와야 되는 것이 아닌가?(그림 5.3.1)

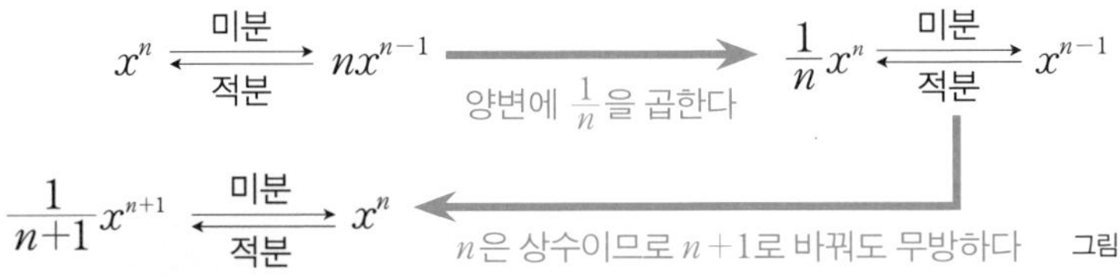

그림 5.3.1

$$\therefore\ \ x^n\text{을 적분하면 }\frac{x^{n+1}}{n+1} \tag{5.3.1}$$

식 (5.3.1)의 결과를 그대로 적용하면 등가속도에서 속도는 $v=at$이므로,

$$v=at \ \underset{\text{미분}}{\overset{\text{적분}}{\rightleftarrows}}\ x=a\cdot\frac{t^{1+1}}{1+1}=\frac{1}{2}at^2$$

우와, 맞네! 과연 그러해. 미분의 역이 적분이야. 서둘러 판단하기는 이르지만, 이 유추가 정확하다면 속도가 이차함수, 삼차함수 등 몇 차가 되었건 쉽게 구할 수 있다는 말이겠어. 또한 속도를 미분한 것이 가속도이므로 **가속도를 적분하면 속도**를 구할 수 있겠네.

그러니까 어떤 주어진 함수 $y=f(x)$가 있을 때 $f(x)$를 적분하여 얻어진 함수를 $y=F(x)$라 할 때, 이것을 다시 미분한 것이 원래의 함수 $y=f(x)$가 나와야 하겠지.

$$f(x) \underset{\text{미분}\ \frac{dF(x)}{dx}}{\overset{\text{적분}\ \int f(x)dx}{\rightleftarrows}} F(x)$$

위의 과정을 하나로 정리하면 다음과 같을 거야.

$$f(x) = \frac{d}{dx}\left(\int f(x)\,dx\right) \tag{5.3.2}$$

이 식이 옳다는 것을 어떻게 증명하지?

(델타는 또 한 차례의 난관에 봉착한다. 전혀 진척이 이뤄지지 않았다. 하지만 끈기 있게 생각의 나래를 펼쳤고, 결국 도식적 방법으로 풀이의 실마리를 잡을 수 있었다.)

다음의 그림 5.3.2에서 생각해보자.

① ② 그림 5.3.2

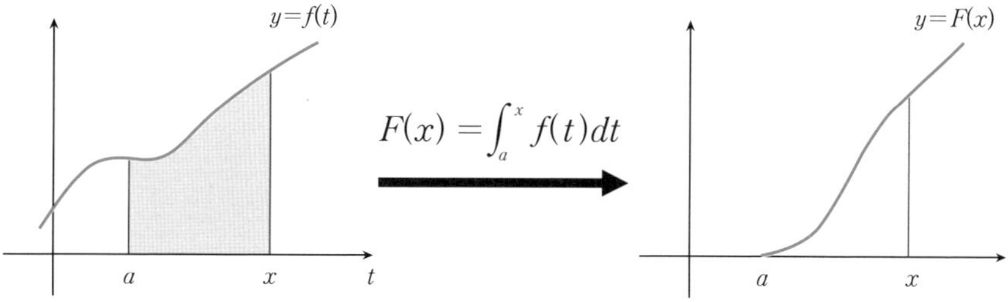

(여기서 변수를 t로 한 것은 구간을 $[a, x]$로 하여 문자 x를 사용했기에 혼동을 막기 위함이다.

$F(a)=0$인 이유는 $F(a) = \int_a^a f(t) = 0$이기 때문이다. 따라서 $F(x)$는 $t=a$에서 $t=x$까지의 넓이이므로 그림 (5.3.2)의 ②와 같이 증가하는 형태를 갖는다.)

$F(x)$는 $\int_a^x f(t)\,dt$으로, 증명할 것은 식 (5.3.2)의 결과가 $f(x)$로 되돌아오는지를 보이는 것이야. 식으로 정리하면 다음과 같아.

$$F'(x) = \frac{d\left(\int_a^x f(t)\,dt\right)}{dx} = f(x) \tag{5.3.3}$$

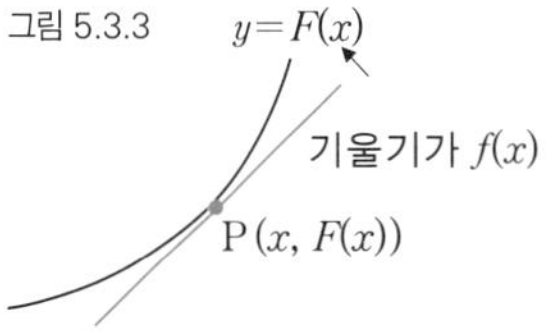

그림 5.3.3

$F(x)$를 미분한다는 것은 무한소 dx에 대한 무한소 $dF(x)$의 비율을 뜻하는 것이니만큼 그림 5.3.3처럼 점 $\mathrm{P}(x,\ F(x))$에서의 접선의 기울기가 $f(x)$가 되어야 함을 보이는 것이나 마찬가지겠지. 그러자면 도함수의 정의를 이용할 수 있겠어.

$$\begin{aligned} F'(x) &= \lim_{\Delta x \to 0} \frac{F(x+\Delta x)-F(x)}{\Delta x} \\ &= \lim_{\Delta x \to 0} \frac{\int_a^{x+\Delta x} f(t)\,dt - \int_a^x f(t)\,dt}{\Delta x} \end{aligned} \tag{5.3.4}$$

분자가 꽤나 복잡하지만 이건 알 수 있어. $\int_a^{x+\Delta x} f(t)\,dt$는 $[a,\ x+\Delta x]$의 넓이이고, $\int_a^x f(t)\,dt$는 $[a,\ x]$의 넓이이니까 두 넓이를 빼면 $[x,\ x+\Delta x]$의 사이의 넓이가 될 것이므로 식 (5.3.4)의 분자는 $\int_x^{x+\Delta x} f(t)\,dt$로 될 것이야.(그림 5.3.4)

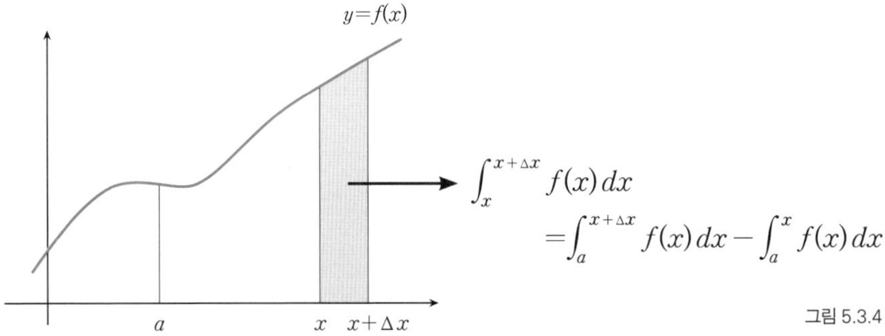

그림 5.3.4

따라서 식 (5.3.4)가 다음과 같이 정리되는 것까지는 알겠어.

$$F'(x) = \lim_{\Delta x \longrightarrow 0} \frac{\int_x^{x+\Delta x} f(t)\,dt}{\Delta x} \qquad (5.3.5)$$

(다음의 처리가 어려웠다. 다시 끝없는 생각의 쳇바퀴에 빠진 듯했다. 보여야 할 것은 식 (5.3.5)에서의 $F'(x) = f(x)$가 되면 해결된다는 것은 알고 있다. 다시 힘을 낸 델타는 자신의 경험을 믿고 그것을 지혜로 발휘하려고 노력했다.)

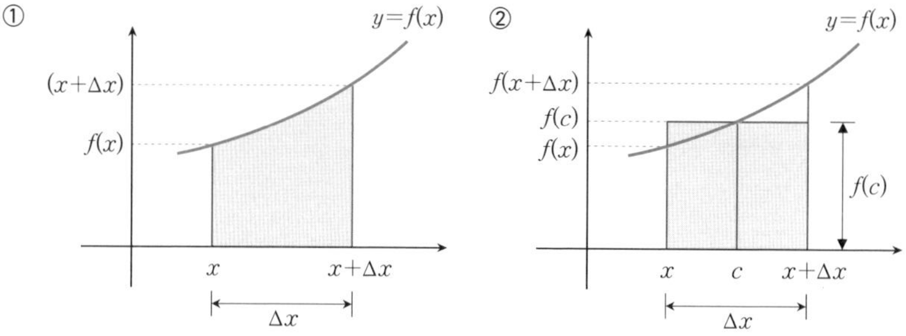

양쪽의 두 빗금 친 넓이는 같다. 그림 5.3.5

분자의 빗금 친 넓이를 사각형으로 바꿔서 생각해보면 그림 5.3.5의 ②와 같은 넓이를 가진 사각형으로 바꿀 수 있어. 이때 이 직사각형의 가로의 길이는 Δx로 변하지 않는 값이며 높이는 $f(x)$와 $f(x+\Delta x)$의 어떤 사이의 값이 될 것임은 자명해. 그 높이에 해당하는 값이 x와 $x+\Delta x$ 사이에 있을 것이니까 일단 그 값을 c라고 놓아보자고. 그러면 사각형의 넓이는 $f(c) \cdot \Delta x$가 되므로 식 (5.3.5)는 또 다음과 같이 정리되겠어.

$$F'(x) = \lim_{\Delta x \longrightarrow 0} \frac{\int_x^{x+\Delta x} f(t)\,dt}{\Delta x} = \lim_{\Delta x \longrightarrow 0} \frac{f(c) \cdot \Delta x}{\Delta x} = f(c) \qquad (5.3.6)$$

오, 이렇게 깔끔하게 바뀔 수가? 그런데 $f(c)$는 뭐야, $f(x)$가 나오기를 원했는데. 가만 c는 x와 $x+\Delta x$ 사이이고 Δx가 0에 가까워지니까 c는 $c \longrightarrow x$가 되잖아.

$$f(c) \longrightarrow f(x)$$

$$\therefore \ \boldsymbol{F'(x)=f(x)}$$

OK! 완벽해. 내 손으로 이렇게 멋지게 증명하다니. 역시 항상 기본을 중시해야 되나봐. 도함수의 정의에서 시작하여 증명했어.

미분과 적분은 확실히 역의 과정이야.

미적분학의 기본정리

적분은 미분의 역의 과정이다. 즉 어떤 주어진 함수 $f(x)$를 적분하여 얻어진 함수 $F(x)$를 미분하면 다시 원래의 함수 $f(x)$로 돌아온다. 이러한 미분과 적분의 관계가 **미적분학의 기본정리(Fundamental theorem of calculus)**이다. 미분을 하여 함수 $f(x)$가 되게 하는 함수 $F(x)$를 미적분학에서는 함수 $f(x)$의 **부정적분(不定積分, indefinite integral)**이라 한다.

함수 $\boldsymbol{f(x)}$의 부정적분 $\int f(x)\,dx = F(x) + \mathrm{C}$

여기에서 C는 적분상수라 하는데, $F(x)$에 어떤 상수가 붙건 미분을 하면 사라지므로 $f(x)$의 부정적분 $F(x)$에 적분상수를 붙여주는 것이다.

정적분(定積分, definite integral)이란 구간 $[a, b]$에 대한 $f(x)$의 부정적분 $F(x)$에 a와 b를 대입한 값의 차를 의미한다.

$$\textbf{함수 } \boldsymbol{f(x)}\textbf{의 정적분} \quad \int_a^b f(x)\,dx = F(b) - F(a) \qquad (5.3.7)$$

덧붙여 본 절의 식 (5.3.6)은 함수 $f(x)$가 폐구간 $[a, b]$에서 연속이고 $f(a) \neq f(b)$일 때, $f(a)$와 $f(b)$ 사이의 임의의 실수 z에 대하여 $f(c)=z$인 c가 폐구간 $[a, b]$에 적어도 하나 존재한다는 **중간값정리**를 이용한 것이다.(그림 5.3.6)

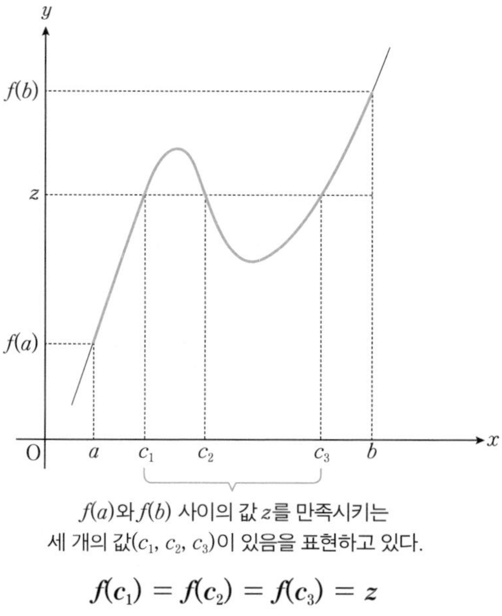

그림 5.3.6

04

정적분으로 넓이 구하기

'미적분학의 기본정리' 덕에 함수 $f(x)$가 어떤 함수를 미분해서 나오게 되었는지 알면 $f(x)$의 부정적분을 알 수 있구나. 그리고 정적분을 이용하면 곡선의 넓이를 구할 수 있고. 어찌되었든 목적은 넓이를 구하는 것이니만큼 여러 함수에 대한 적분의 결과가 무엇이 될지 미리 알아두면 편리하겠어. 삼각함수에서 적분은 어떻게 될까? $\sin x$를 미분한 것이 $\cos x$이므로 $\cos x$를 적분하면 $\sin x$가 되겠네.

$$\frac{d}{dx}\sin\theta = \cos\theta,\ \frac{d}{dx}\cos\theta = -\sin\theta$$
$$\Rightarrow \int \cos\theta = \sin\theta + C,\ \int \sin\theta = -\cos\theta + C \qquad (5.4.1)$$

우와, 삼각함수의 적분이 이렇게 쉽게 해결되다니! 이 정리를 이용하면 적분 못 할 함수가 없잖아. 아니야, 만약 어떤 것을 미분한 것인지 전혀 모르는 함수가 나오면 어떻게 된담? 아이고, 머리야. 이건 나중에 다시 생각해보자.

(델타는 적분에 대해 감을 잡기는 했지만 아직 실전에 사용하기에는 많이 부족함을 느꼈다. 정적분으로 넓이를 구할 수 있다고는 하지만 제대로 사용할 수 있을지도 의문스러웠던 것이다.)

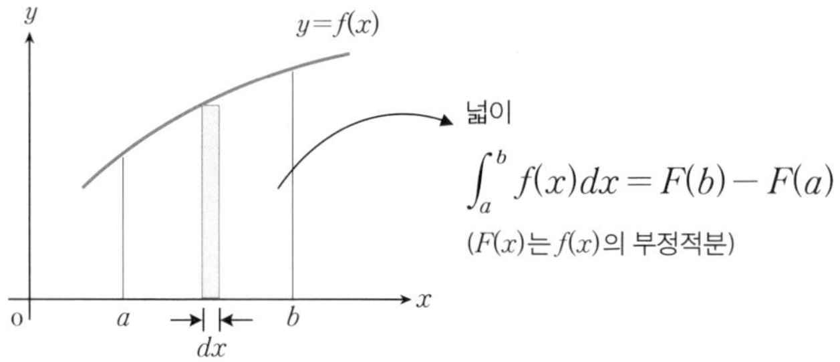

그림 5.4.1

임의의 함수 $y=f(x)$가 있다고 하고, 구간 a에서 b까지의 넓이를 적분으로 구하는 것을 생각해보자.(그림 5.4.1) 이 그림과 식 (5.3.7)을 결부지어 생각하면 함수 $f(x)$에 무한소 dx를 곱한 직사각형의 넓이 $f(x)dx$를 a에서 b까지의 정적분으로 얻을 수 있다는 것이야. 그리고 $f(x)$의 부정적분 $F(x)$를 알고 있다면 $F(b)$에서 $F(a)$를 빼주면 간단히 넓이를 구할 수는 있어.

하지만 임의의 도형의 넓이(그림 5.4.2의 ①과 같은 도형)는 어떻게 구하나? 일단 그림 ②처럼 도형을 좌표축에 적절하게 위치시켜야 되겠지. 이제 어떻게 한담?

아, 아주 간단한 방법이 있네. 주어진 도형을 두 개로 분류시키는 거야. 그림 5.4.3과 같이 하면 되겠는데? 그림 ①과 같이 도형 윗부분의 곡선의 함수를 $f(x)$라 하고 밑의 부분의 곡선을 $g(x)$로 따로 나누어서 생각하는 것이지. 그러면 그림 ②처럼 $f(x)$로 둘러싸인 부분의 넓이에서 $g(x)$로 둘러싸인 부분의 넓이를 빼주기만 하면 원했던 도형의 넓이가 나오지 않

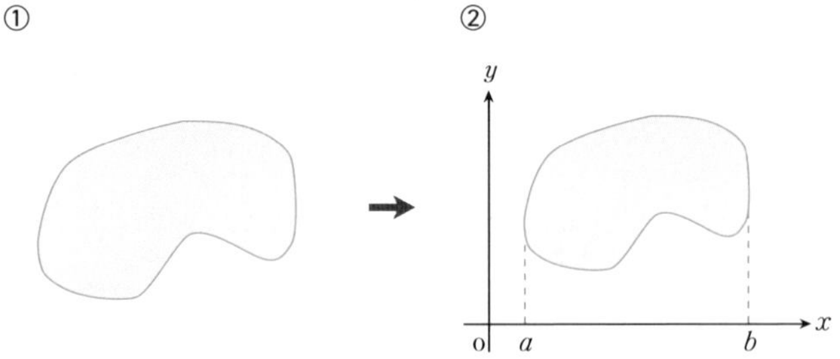

그림 5.4.2

나! 역시 머리 쓰기 나름이야.

연습 삼아 원의 넓이를 적분으로 구해볼까? 원의 넓이는 반지름이 a일 때 πa^2임은 익히 알고 있지. 왜 이런 공식이 나오는지는 한 번도 의문을 가지고 확인해본 적이 없었는데 이번 기회에 유도해보자.

원은 대칭적인 면에서 가장 완벽한 도형이니까 원을 4등분해서 그중 하나의 조각(그림 5.4.4의 ①)에 대해서만 구해도 충분해. 이 조각난 원을

그림 5.4.3

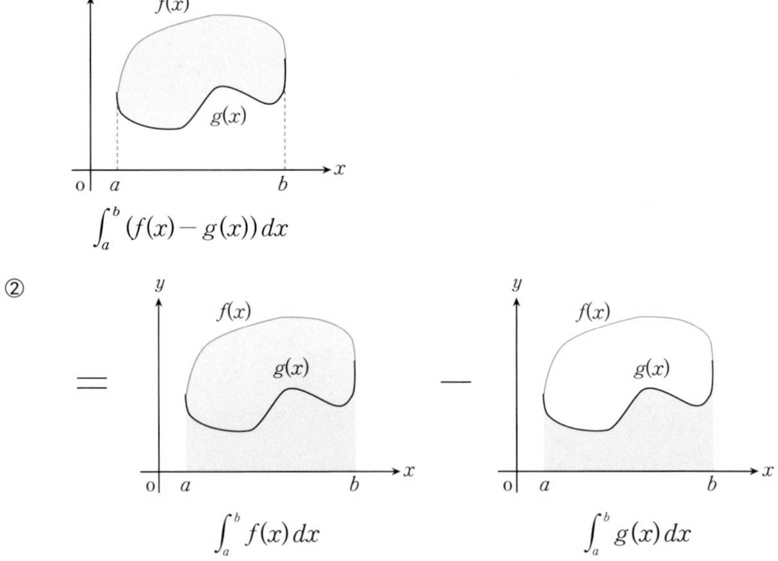

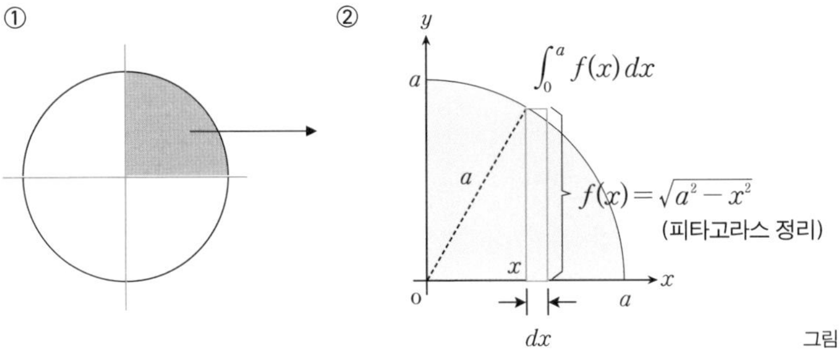

그림 5.4.4

좌표축에 도시한 것이 그림 ②이지. 이때 원의 중심을 원점 O에 위치시켜야 계산이 쉬워지겠구나.

그림 ②에서 원의 중심과의 거리 x에 위치한 밑변의 길이가 무한소 dx인 직사각형의 높이는 $f(x)$가 될 것이야. 반지름은 항상 같으므로 피타고라스의 정리를 이용하면 x의 지점의 직사각형의 높이 $f(x)$는 $f(x)=\sqrt{a^2-x^2}$이 될 것임은 자명해. x의 구간은 0에서 a이니까, 조각난 원의 넓이는 다음의 적분을 통해 구할 수 있겠어.

$$\int_0^a \sqrt{a^2-x^2}\,dx \tag{5.4.2}$$

어? $\sqrt{}$ 기호가 나오니까 암담하네. 다항함수와 삼각함수의 적분은 알겠지만 이 경우는 모르겠는데……. 역시 갈 길이 멀어. 무엇을 미분해야 $\sqrt{a^2-x^2}$이 나올까? 왜 하필이면 $\sqrt{}$가 있어 속을 썩이나? 적분을 할 수나 있기는 한 건가?

도대체 어떻게 해야 (5.4.2) 식의 계산이 가능한 것일까?

적분을 이용한 넓이계산

그림 5.4.5의 ①과 같이 주어진 곡선의 넓이를 계산하기 위해 직사각형으로 분할할 경우 높이의 값인 $f(x)$가 음의 값을 가지게 되어 곡선으로 둘러싸인 부분을 적분한 값이 음수가 나오는 경우가 있다. 따라서 적분값에 음의 부호를 붙여 양의 값으로 바꿔야 한다. 또한 ②와 같은 함수 $f(x)$의 구간 $[a, c]$ 사이의 빗금친 넓이는 아래 그림의 식처럼 처리해야 제대로 된 넓이를 얻을 수 있다.

①

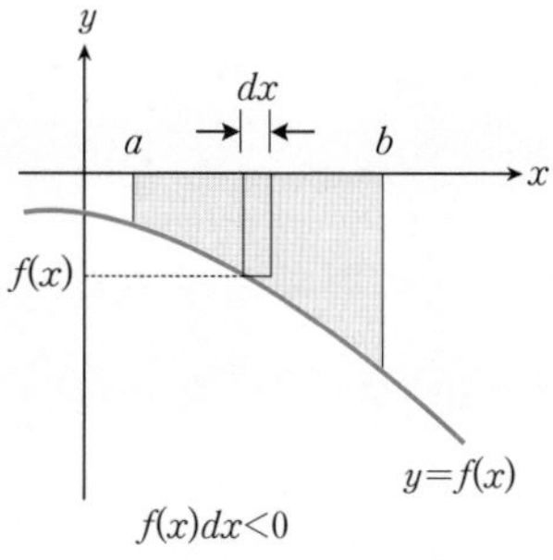

넓이: $-\int_a^b f(x)\,dx$

②

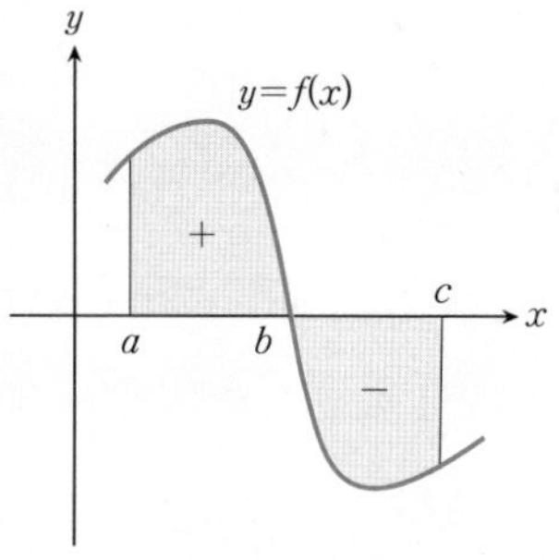

넓이: $\int_a^b f(x)\,dx - \int_b^c f(x)\,dx$

그림 5.4.5

05
한계에 부딪힌 델타

델타는 요즘 시무룩하다. 더 이상 문제의 진전을 이룰 수 없기 때문이다. 그러고 보니 박사와 만난 이후 이 문제와 씨름하다가 어느덧 봄과 여름이 다 가고 가을에 접어들어 있었다. 고등학교 진학 후 어떻게 보냈는지 떠오르는 것도 없다. 방학 동안에도 줄곧 달과 지구의 충돌시간을 풀기 위해 노력했던 기억뿐이다.

'비록 원의 넓이를 구하기 위해 얻었던 식 (5.4.2)의 해결은 못했다손 쳐도 이 식의 해결은 달의 충돌과 큰 상관이 없어. 이 식은 나중에 생각해도 될 것 같아. 그런데 어째서 미분과 적분을 이해했는데도 달의 운동 방정식을 해결할 방법이 전혀 떠오르지 않을까? 내 힘으로는 여기까지 일까?'

아버지가 책상 앞에서 생각에 잠긴 아들의 모습을 보고 말을 걸었다.

"어이, 델타! 너 또 멍 때리고 있네. 보아하니, 박사가 내준 문제 생각하고 있나본데 더 이상 풀리지 않나보지?"

"아버지, 저 놀리시는 건 아니죠? 지금 매우 심각해요."

"그러니까 나한테 좀 물어보면 어디 덧나냐? 고집은 있어가지고. 다른 사람과 의논하다보면 참신한 아이디어가 떠오를 때도 있는 법이야. 혼자 고민하면 한계에 부딪힐 수 있어. 비록 내가 졸업한 지 오래 돼서 별로 기억나는 것은 없지만 고등학교 때 수학 좀 했단 말이다."

델타는 박사가 내준 달과 지구의 충돌시간 문제에 대해 이야기하였다. 아버지 역시 황당한 문제에 적잖이 당황한 눈치였다. 그래도 아들을 위해 해결할 수 있는 방도를 한 가지라도 주기 위해 머리를 짜냈지만 알 수 없었다.

"그러니까 분명 네가 얻은 이 달의 운동방정식에서 해답이 있을 것이고, 이것은 미분과 적분을 통해 해결해야 될 것인데 그 이후가 막막하다는 얘기지?"

"예, 식을 아무리 뜯어보아도 단 한 줄 써내려갈 생각이 나지 않아요."

아버지로서도 별 도리가 없었다. 이미 배운 지도 한참 지났고 설혹 기억한다 하더라도 쉽게 풀릴 만한 문제가 아니었다.

"미분과 적분은 나중에 배우니까 그때 다시 생각해봐. 내 아들이라서 하는 얘기가 아니지만 여기까지 온 것만 해도 정말 대단해. 그리고 박사도 완벽하게 해답을 구해오는 것을 기대하지 않은 건지 몰라. 과학관에서 그러셨다면서? 생각하는 힘이 좋다고. 그러니까 네가 어떻게 생각을 펼쳐나갔는지를 시험한 것이 아닐까? 내가 보기에는 이제 박사를 만날 때가 된 것 같아."

묵묵히 아버지의 얘기를 듣던 델타도 그럴지 모르겠구나 하고 생각했다.

'그래, 내 힘으로 여기까지 온 게 어디야. 지금까지 얻은 지식만도 엄청나잖아. 박사님을 찾아가야겠어.'

델타는 달과 지구의 충돌시간을 구하기 위한 긴 여정을 여기에서 일단 멈출 수밖에 없었다. 미분과 적분의 기본적인 개념은 충분히 습득했지만 실전에 사용하기에는 아직 많이 부족하였다.

쉬어가기 코너

누구나 알고 있는 수학공식

직사각형의 넓이를 구할 때 가로의 길이(밑변)에 세로(높이)를 곱하는 것은 누구나 알고 있는 공식 중의 하나다. 지극히 단순한 원리이기 때문이다. 평행사변형의 넓이 구하는 공식 역시 (밑변)×(높이)로 직사각형의 넓이 공식과 같다. 왜 일까?

흔히 사용하는 편지 봉투가 있고 그 안에 크기가 같은 종이 한 장이 들어가 있다.(그림 1의 ①) 한쪽 끝을 그림 ②와 같이 잘라내버리고, 봉투 안의 종이를 살짝만 빼보자. 그림 ③에서 보면 당연히 비어진 봉투의 넓이와 봉투에서 빠져나온 종이의 넓이는 같을 수밖에 없다.

그림 1

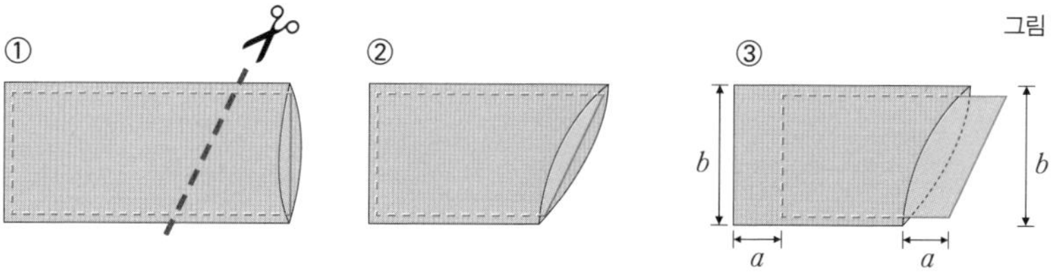

종이가 없는 넓이 =
빠져 나온 종이의 넓이

간단한 발상 하나만으로 해결한 셈이다. 그러면 높이는 같지만 밑변의 길이가 다른 두 삼각형의 넓이는 어떨까? 당연히 밑변이 긴 삼각형이 더 크다. 얼마나? 밑변이 두 배 더 길면 넓이도 두 배 더 클 것이므로 밑변의 비에 의해 결정된다. 이렇게 생각하면 더 쉽게 이해할 수 있다. 그림 2의 ①과 같이 가로축 방향으로 두 배의 길이만큼 잡아 늘이게 될 경우 간단히 넓이가 두 배 늘어난 삼각형이 만

그림 2

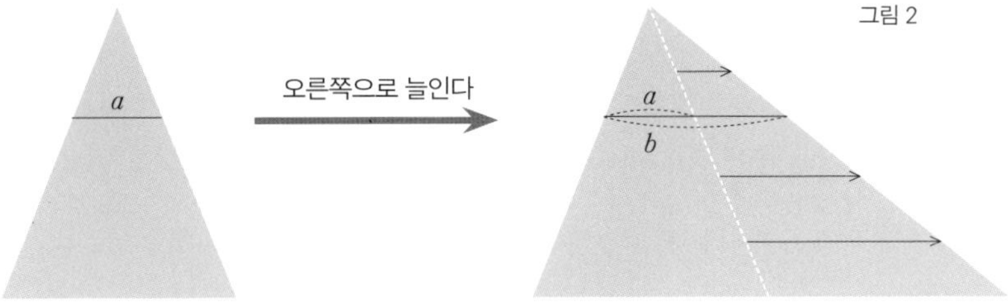

길이의 비 $a:b$, 따라서 넓이의 비도 $a:b$

들어진다. 이때 가로축과 평행한 직선으로 두 삼각형을 잘랐을 때 생기는 두 선분의 비도 항상 두 배의 차이가 있음은 자명하다.

너무도 당연하다고 생각되는 이 사실은 **'카발리에리의 원리'**로 알려져 있다. '어떤 두 개의 평면도형을 정직선에 평행인 직선으로 나누었을 때, 도형 내에 있는 선분의 비가 항상 $m:n$일 때는, 두 도형의 넓이 비도 $m:n$이다.'(그림 3)

그림 3

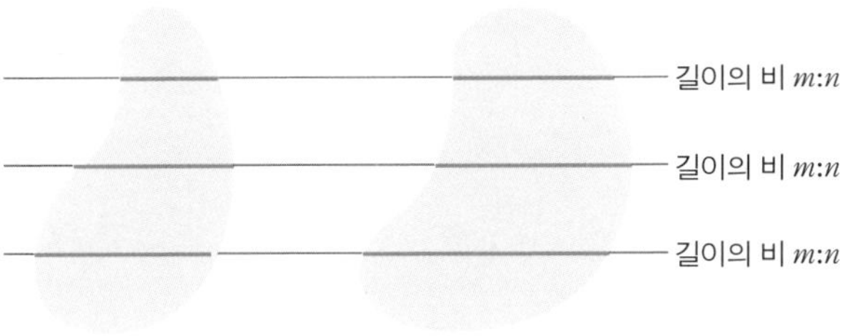

이 원리는 아직 미적분학이 정립되지 않았던 시기에 있었던 획기적인 발견이었고, 근대 미적분학의 핵심적인 원리였다. 단순하게 보이는 이 원리가 왜 중요하며 이를 어디에 써먹을까?

타원의 넓이는 어떻게 구하는가? 아마도 타원의 넓이 공식에 대해 알지 못하는 독자분도 꽤 있을 것이고, 알더라도 어떤 원리에서 나온 공식인지 모르는 분이 많을 것이다. 타원이란 평면 위의 두 정점으로부터 거리의 합이 일정한 점의 집합으로 만들어지는 곡선으로 정의되어 있다. 이때 타원의 넓이는 카발리에리의 원리를 이용하면 단숨에 해결된다.

그림 4의 ①에 반지름 a의 원이 있다. 이제 이 원을 가로축의 양쪽 방향으로 늘여 가로의 길이가 b가 되게 하면 타원이 나온다.(그림 ②) 따라서 가로의 방향인 직선으로 잘려진 타원의 선분은 원의 선분보다 항상 $\frac{b}{a}$배가 될 것임은 자명하므로 카발리에리의 원리로부터 타원의 넓이 역시 원의 넓이의 $\frac{b}{a}$배가 된다. 원의 넓이는 πa^2이므로 타원의 넓이는 다음과 같다.

$$\text{타원의 넓이} = (\text{원의 넓이}) \times \frac{b}{a} = \pi a^2 \times \frac{b}{a} = \pi ab$$

그림 4

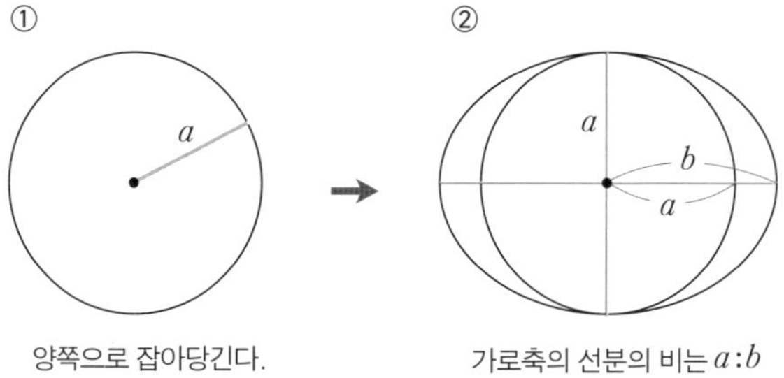

연습문제

5.1

다음의 부정적분을 구하라.

$$\int (x+1)(x+2)dx$$

5.2

그림과 같이 밑변의 길이가 12이고 높이가 4인 직각삼각형의 넓이가 24임을 적분을 이용해서 보여라.

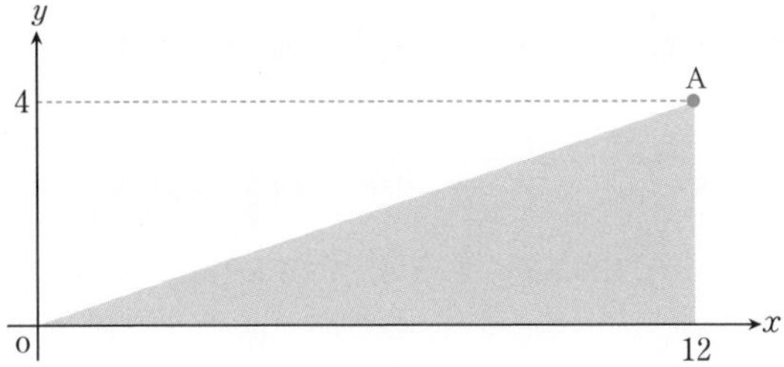

5.3

$F(x)=\int_a^x f(x)\,dt$ 로 정의하고 $y=f(x)$의 개형은 아래의 그림이라고 할 때, 함수 $F(x)$의 개형을 그려라.

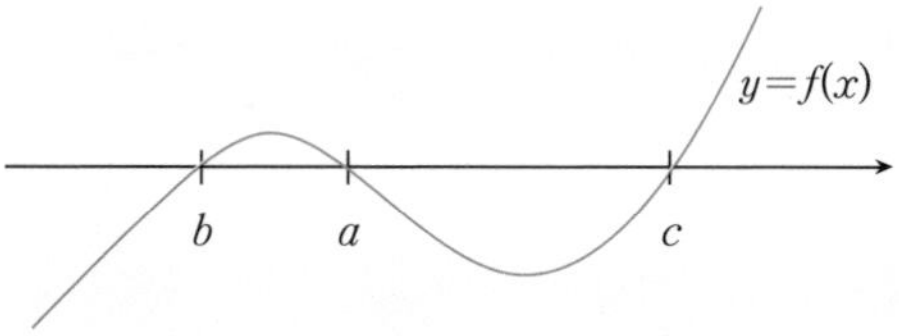

5.4

카발리에리의 원리를 이용하여 다음과 같은 럭비공의 부피를 구하라.

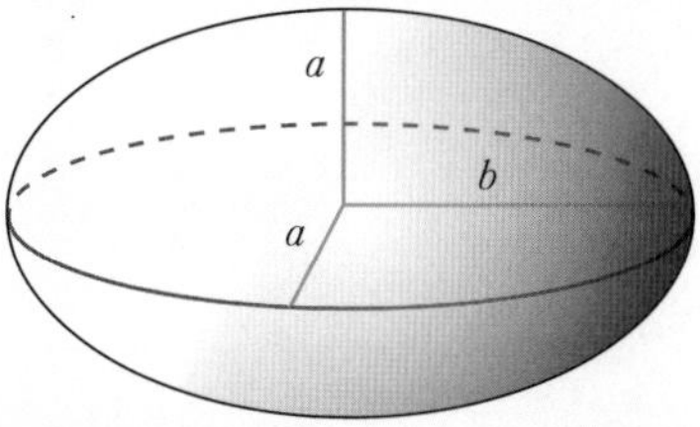

5.5

다음의 물음에 답하라.

(1) 곡선 $y=x^2$ 위의 임의의 점 $(t,\ t^2)$에서 그은 접선의 방정식이 $y=2tx-t^2$임을 보여라.

(2) 점 $\left(\frac{1}{2}, -2\right)$에서 곡선 $y=x^2$에 그은 두 접선의 방정식을 구하라.

(3) (2)에서 얻은 두 접선과 곡선 $y=x^2$에 의하여 둘러싸인 부분의 넓이를 구하라.

'많은 공부와 지식이 곧 지혜로 연결되는 것은 아니다.' 고대 그리스 철학자, 헤라클레이토스가 남긴 명언처럼, 지식이 구슬이라면 그것을 연결해 보배로 만드는 것이 지혜이다. 지혜의 위대함은 노력을 통해 획득한 지식을 활용해서 더 차원 높은 지식을 창출함에 있다.

6장

델타의 생각실험, 마침표를 찍다!?

마침내 델타는 박사와 만나 달과 지구의 충돌시간 계산을 위한 큰 배움을 얻는다. 지금까지의 정보와 경험이 어떻게 도움을 주는지를 알 수 있다.

01
드디어 박사님과 만나다

구름 한 점 없이 청명하고 하늘이 꽤나 높아 보이는 화창한 가을날이다. 델타는 박사가 내준 '달과 지구의 충돌시간' 문제를 해결하지 못하고 약속장소인 박사의 사무실로 향했다.

"난감하네. 박사님이 뭐라 하실까? 실망하실까? 자신 있다고 큰소리쳤는데. 혹시 이 계산 자체가 불가능한 건 아닐까? 설마 그렇지는 않겠지."

박사님의 연구실에 가까워질수록 문제의 해법을 알게 될 것이라는 기대와 초조가 델타의 마음속에 서서히 커져가고 있었다. 동시에 여기까지 알아냈다는 자부심도 마음 한편에 자리 잡고 있었다. 사무실에 이르러 가볍게 노크를 하자, 안쪽에서 사람이 있음을 알리는 소리가 작게 들려왔다. 델타는 심호흡을 크게 하고 문을 열고 들어갔다.

"안녕하세요, 박사님. 저 왔습니다."

"오, 델타 왔구나. 그래, 그동안 잘 지냈니?"

"아니요, 잘 지내지 못했어요."

"응? 잘 지내지 못했다고?"

이미 델타의 심중을 꿰뚫어 본 박사는 희미하게 미소를 지으며 말했다.

"오늘 날씨, 참 좋지? 이번 여름 무지하게 더웠잖아. 요새가 시원해서 놀러가기 가장 적당한 때인 것 같아. 얼마 전에 나는 바다낚시를 다녀왔어. 어디 놀러갔다 왔니?"

델타의 머릿속에는 문제를 푸느라 여름 내내 마음고생한 일이 스쳐지나갔다. 그런데 정작 그 문제를 던져준 당사자는 여유 있게 지냈다는 사실이 야속하기도 했다.

"날씨 얘기가 나와서 불현듯 생각나는 게 있는데, 왜 하늘은 파랗게 보일까? 그 이유에 대해 알고 있니?"

충돌시간 문제가 아닌 다른 질문으로 능청을 떠는 박사의 모습에 델타는 더욱 안달이 났다. 깊이 생각하지 않고 델타가 답했다.

"글쎄요, 제가 알기로는 빛의 산란과 관련이 있다고 듣기는 했지만, 더 자세한 것은 잘 모르겠어요."

"우리의 눈이 볼 수 있는 색깔은 제한되어 있어. 흔히 얘기하는 무지개색이 볼 수 있는 한계라고 생각하면 되겠지. 사실, 이외에도 색이 존재하지만 사람의 눈으로는 볼 수 없어. 그래서 무지개색깔의 영역을 가시광선(可視光線)이라고 해. 그런데 색깔 차이의 근원이 무엇인지 아니?"

"색깔의 차이요? 그것은 생각해보지 않아서……."

"색깔마다 파장이 다르기 때문이야. 혹시 삼각함수에 대해 알고 있니?"

델타는 '옳거니' 하고 생각했다. 드디어 화제를 달의 충돌시간으로 되돌릴 수 있을 것 같아서였다.

“알고 있죠. 제가…….”

순간 박사가 델타의 말을 끊더니 자신의 말을 이어갔다.

“그러면 sin 그래프가 어떻게 되는지 알겠구나. sin 함수의 그래프 주기가 2π라는 것도. 빛도 sin 함수의 꼴을 지니고 있고 이 주기에 해당하는 길이를 파장이라고 생각하면 돼. 빨강색의 파장이 길고, 파랑색으로 갈수록 파장이 짧은데, 파장이 짧을수록 더 산란이 잘 일어나서 하늘이 파랗게 보이는 거란다. 하하, 네 마음이 딴 데 가 있구나.”

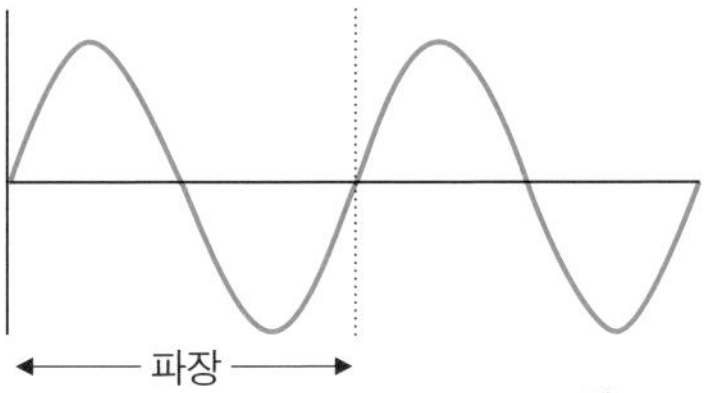

그림 6.1.1

델타는 지금 이야기에 집중하지 못하고 있다. 그러한 델타의 마음을 진작부터 읽고 있었던 박사는 그제야 델타가 원하는 화제를 집어 들었다.

“그래, 내가 낸 문제 다 해결했니?”

드디어 반색하는 델타.

“아니요, 제 생각으로는 꽤 많은 진척을 이룬 것 같았지만 답은 얻어내지 못했어요.”

“방금 내가 한 질문보다는 달과 지구의 충돌시간 문제가 훨씬 궁금한가봐.”

“당연하죠, 제가 이 문제하고 얼마나 씨름했는데요. 머릿속이 온통 그 생각뿐이라니까요.”

“오느라 고생했으니 음료수라도 한 잔 할래?”

박사는 델타에게 음료수를 건네며 본격적으로 본 주제에 대한 이야기를 꺼내기 시작했다.

“내가 너에게 닉네임으로 델타라는 이름을 지어주었지. 왜 그런 이름을 주었는지 알아냈니?"

"예, 박사님. 처음에는 왜 델타라는 그리스 문자로 지어주셨는지 알지 못했지만 조금은 이해했어요. 수학에서 델타는 무한소를 나타내는 기호로 사용되더군요. 혹시 그 문제를 해결하려면 미적분을 알아야 하는데 미적분에서 가장 중요한 개념이 바로 무한소이기 때문이 아닌가요?"

"우와, 대단해. 고민을 굉장히 많이 했구나. 어떻게 알아냈니?"

뜻밖의 칭찬에 델타는 으쓱한 기분이 들었다.

"박사님이 달과 지구의 충돌시간을 알아내려면 미분과 적분이라는 수학적 툴이 필요하다고 말씀해주셨잖아요. 거기서 힌트를 얻어 여러 천재 수학자들의 업적에 관한 자료를 뒤져가면서 알아냈어요. 살펴보니 미적분에서 가장 중요한 뼈대 역할을 하고 있는 것이 무한소이더라고요."

"좋아. 아주 훌륭해. 그런데 왜 답은 못 알아냈을까?"

"그게 단지 미적분을 안다고 풀리는 문제가 아닌 것 같더라고요. 분명 달의 운동방정식을 해결하면 답이 나올 것 같은데 도대체가 더 이상 진전이 되지 않아요. 한계를 느껴서 이렇게 박사님을 찾아오게 됐습니다."

"음, 일단 네가 지금까지 알아낸 것에 대해 나에게 설명할 수 있겠니?"

"네, 당연하죠."

델타는 수개월간 자신을 괴롭혀왔던 이 문제의 해결을 위해 알아낸 미분과 적분, 달의 운동방정식, 삼각함수 등 모든 내용에 대해 박사에게 설명하였다. 특히 자신의 닉네임이기도 한 무한소의 의미에 대해서는 막힘없이 풀어갔다. 너무 고생하며 얻은 지식이라 그런지 생각 외로 설명은 큰 무리 없이 이어졌고, 박사 역시 델타의 설명을 찬찬히 들으면서 몇 가지 의문점에 대해 서로 의견을 교환했을 뿐 대부분의 내용에 대해 긍정의 의미를 나타냈다.

“그렇게 잘했으면서 왜 더 이상 진행을 못하고 있지?”

“그게, 이상하게 더 안 풀려요. 사실 완전히 막혔다고나 할까요? 어떤 돌파구를 찾아야 하는데 쉽지가 않네요.”

“왜 못 찾는다고 생각하지?”

“……”

“적분까지 아주 훌륭하게 진행했어. 흠잡을 데 없이 완벽할 정도로. 그리고 분명 지금까지의 지식만으로 충분히 달의 운동방정식을 해결할 수 있어. 그런데 그렇게 하지 못하는 것은 델타가 아직은 얻어낸 지식을 자기 것으로 만들어내지 못했기 때문일 거야. 내가 이야기를 하나 들려줄게. 아마 이 이야기가 델타가 답을 구하지 못한 이유의 적절한 답이 되지 않을까 싶구나.”

02
배고픈 원숭이의 통찰

박사는 델타에게 통찰의 의미를 가르치려고 배고픈 원숭이에 관한 이야기를 시작했다.

"이것은 내가 대학 시절 심리학 시간에 들었던 내용인데 너무 인상 깊어서 아직까지 기억하는 이야기란다. 한 원숭이를 가지고 실험을 했단다. 원숭이 한 마리를 잔뜩 굶겨서 배가 무지하게 고픈 상태로 만들어놓고 어느 골방에 가둬두었지. 이 방은 잡고 올라갈 것이 아무것도 없는, 사방이 밋밋한 벽으로 이뤄져 있어. 그리고 천정에는 과일 바구니가 매달려 있지. 방 안에는 의자 하나와 막대기 두 개, 그리고 노끈이 한 뭉치 있을 뿐 그 외의 것은 전혀 없는 상태야.

자, 실험이 시작되었어. 어떻게 되었을까? 충분히 상상할 수 있을 거야. 매달려 있는 바구니 안에 든 과일을 먹으려고 원숭이가 생난리를 치지 않겠어? 하지만 벽에는 잡고 올라갈 어떤 홈도 없기에 제아무리 나무를 잘 타는 원숭이라 하더라도 방도가 없는 것이지. 그러다가 그의 눈에

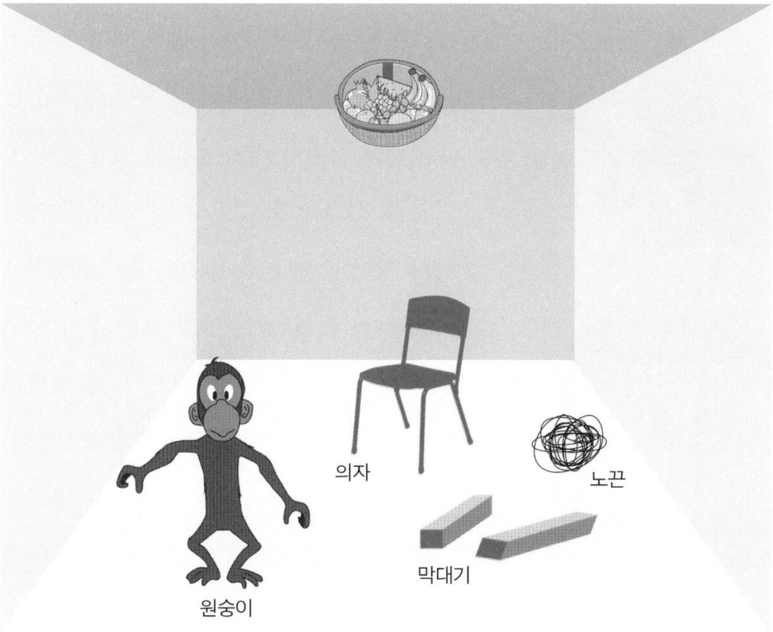

그림 6.2.1

띈 것이 의자야. 의자 위에 올라가서 과일 바구니에 손을 대려고 했지만 터무니없이 높은 위치라 소용이 없었어. 의자 위에서 뛰어봐도 마찬가지였지.

이번에는 눈에 보인 막대기를 휘두르기 시작했어. 의자 위에서 해보기도 하고 뛰어오르면서도 시도했지만 아슬아슬하게 닿을 듯 말 듯 했을 뿐 바구니에 이르지는 못했어. 원숭이는 노끈을 풀어서 휘두르기도 했고, 도저히 방도가 없자 막대기를 던져서 바구니를 떨어뜨리려 했지만 신통치 않았어. 이러기를 수도 없이 반복하고 난 원숭이는 어떻게 되었을까?

결국 자포자기 상태가 되어서 맨 바닥에 큰 대(大)자로 누워서 차라리 나 잡아먹어라 하듯 미동도 없이 있고 말았어. 아마 이 실험을 시행한 연

그림 6.2.2

구자들은 혹시 원숭이가 진짜 배가 고파 죽지 않을까 걱정도 하지 않았을까 싶구나.

그런데 거의 움직이지 않고 있던 이 원숭이가 몇 시간이 흐르자 갑자기 벌떡 일어나더니 자신의 두 손을 치면서 박장대소하듯이 좋아서 어쩔 줄을 몰라 하는 것이 아니겠어? 왜 그랬을까? 과일 바구니를 떨어뜨릴 수 있는 방법이라도 찾은 것일까 아니면 배고파 정신이 약간 이상해진 것일까?

여기서는 첫 번째 경우야. 원숭이는 막대기 두 개를 노끈으로 묶고서 의자 위에 올라가더니 여유 있게 과일 바구니를 떨어뜨리고는 자신의 배를 채우게 된 것이지.

내가 여기서 얘기하고자 한 것이 무엇일까? 그것은 바로 '**통찰**'이야. 통찰의 사전적 의미부터 살펴볼까?

통찰(洞察) (출처: 국립국어원)

1. 예리한 관찰력으로 사물을 꿰뚫어 봄.
2. 〈심리〉 새로운 사태에 직면하여 장면의 의미를 재조직화함으로써 갑작스럽게 문제를 해결함. 또는 그런 과정. 쾰러는 학습이 시행착오에 의하여 일어나는 것이 아니라 이러한 과정에 의하여 일어난다고 보았다.
3. 〈심리〉 심리 치료에서, 환자가 이전에는 인식하지 못하였던 자신의 심적 상태를 알게 되는 일.

원숭이가 자신의 배고픔을 해소하기 위해 주변에 놓여 있던 의자, 막대기, 노끈에 대한 활용도를 완전히 꿰뚫어 본 상황이란 것이지. 무슨 말이냐 하면 오직 과일 바구니를 떨어뜨리려는 목적을 달성하기 위해 노력한 결과 막대기, 의자, 노끈 등이 어떻게 활용되는지를 통찰한 상태에 도달했다는 말이야. 가령 의자가 단지 앉는 데에만 쓰이는 것이 아니라 손이 닿지 않는 위치에 이르기 위해 이용하는 것도 알게 된 것이고, 막대기 두 개를 연결할 때 노끈을 사용하며 그로써 손이 닿지 않는 훨씬 먼 곳까지 영역을 넓혀 자신의 신체능력을 확장할 수 있다는 사실을 알게 되었어. 그러니까 최소한 이 원숭이는 다른 원숭이와 달리 어떤 위험한 상황에 직면했을 때 주변의 도구를 활용하여 위기를 탈출할 수 있는 능력이 생긴 것이라 할 수 있지.

델타는 아직은 배고픈 상황에서 의자 위에서 바구니를 떨어뜨리기 위해 노력하는 상황이라고 볼 수 있어. 과일 바구니를 달이 떨어지는 데 걸리는 시간을 구하는 해법이라 하고, 의자나 막대기 등을 미분과 적분, 삼각함수로 연결하여 생각하면 현재는 이런 지식이 각기 따로 놀고 있어. 이들을 이용해서 충분히 답을 구할 수 있지만 아직은 통찰의 상태에 이르지 못한 거지. 미분과 적분을 자유롭게 이용한다는 건 배고픈 원숭이처럼 수많은 시행착오를 거듭했을 때 가능한 일인데, 델타는 미적분의 기본 개념은 꿰차고 있지만 이것을 적절하게 활용해서 주어진 문제를 해결할 능력은 아직 모자란 것이야."

03

부분적분

박사가 원숭이에 비유해서 들려준 이야기에 깊이 공감한 델타는 흥분해서 말했다.

"맞아요, 저도 원숭이와 비슷한 경험을 했어요. 말하기는 좀 창피하지만 대변을 보다가 갑자기 해답이 떠올랐던 적이 있었거든요."

"그래? 이거 축하해줄 일이네. 바로 자네는 통찰을 경험한 것이야. 그러한 시행착오와 통찰을 자꾸 겪다보면 어느 순간 아주 뛰어난 실력을 갖추는 때가 올 거야. 분명 아직은 자네의 실력으로 충돌시간을 계산해내기에는 꽤 어려운 점이 많아. 하지만 지금 같은 자세이면 해결할 날이 곧 오게 될 테니 조급하게 마음먹지 말고 계속 공부해나가길 바라네. 그러한 시기를 조금 단축시켜주는 의미로 내가 몇 가지 팁을 주도록 하지."

"예? 그래주시겠어요? 감사합니다."

"미분의 경우 델타군은 충분히 이해를 하고 있어. 아직 모르는 내용도 꽤 있지만 일단 그 정도면 괜찮아. 적분은 생각보다 만만치 않은 점이 많지. 함수 $f(x)$가 있을 때 과연 이 함수는 어떤 함수를 미분해서 나온 것일까? 함수 $f(x)$를 미분하는 것은 어렵지 않은데 역으로 적분하여 $F(x)$를 구하는 것은 제법 난감한 일이지. 게다가 적분할 수 없는 함수가 대부분이라고 봐도 돼. 하지만 다행히 충돌시간을 계산하는 과정에서 나오는 적분은 충분히 가능해."

"어떻게 적분 계산을 통해 답을 구할 수 있어요?"

그동안 이 문제 하나를 풀기 위해 많은 시행착오를 겪어 지쳐서인지, 델타는 답을 빨리 알고 싶은 마음에 박사의 설명을 끊고 물었다.

"오늘 자네가 조사해서 발표한 내용을 들어보니 차분하게 자신의 생각을 정리할 줄 알던데 왜 갑자기 서두르나?"

아차 하는 마음에 델타는 방에 갇힌 원숭이를 떠올리며 마음을 가다듬었다.

'그렇지, 원숭이는 생사가 걸린 문제를 스스로 해결하지 않았나? 거기에 비하면 나는 어려운 문제일 수 있지만 죽고 사는 문제는 아니잖아. 그리고 여기까지 내가 어떻게 왔는데 쉽게 답을 얻어내는 건 내 자존심이 허락하지 않아.'

"제가 마음이 급했습니다."

"하하, 그렇다고 스스로를 책망할 필요는 없어. 느긋하게 생각해도 늦지 않다는 말이니까. 잘 들어보라고. 먼저 적분을 하는 방법에는 크게 두 가지가 있다고 봐도 돼. 그 외로 더 복잡한 적분은 여기에서 파생되어 이루어지니까. 첫 번째는 **부분적분**이야. 내가 델타군에게 한 가지 문제를 제시하겠으니 한번 해결해보겠나? 두 개의 함수 $f(x)$와 $g(x)$가 있을 때 두 함수를 곱한 $f(x)g(x)$의 미분을 하면 다음과 같이 됨을 보여 보게. 그동안의 과정을 보니 충분히 풀 만한 문제라네."

$$\frac{d}{dx}\{f(x)g(x)\}=\frac{df(x)}{dx}\cdot g(x)+f(x)\cdot\frac{dg(x)}{dx} \tag{6.3.1}$$

"알겠습니다."

막상 접한 문제는 델타에게 꽤 생경한 꼴이었다. 그렇다고 풀지 못할 정도는 아니었다. 무엇보다 아까의 민망함에 반드시 풀고야 말겠다는 굳은 의지가 생겼다. 어느새 델타는 배고픈 원숭이가 되어 있었다. 그 사이 박사는 델타가 충분히 생각할 수 있도록 잠시 자신의 컴퓨터 앞으로 자리를 옮겼다.

달의 충돌문제를 풀기 위해 오랜 시간 해온 사고 실험과 집중력의 힘 덕분인지 델타는 20분이 채 안 되어 답을 얻어냈다.

"박사님, 풀었습니다."

델타는 자기가 유도한 풀이를 보여주려 했지만 박사는 풀이법 대신 그에게 어떻게 생각을 도출했는지만 간단히 설명해보라고 하였다.

"사실 이런 형태의 미분은 생각해본 적이 없었어요. 고민하다가 제가 알고 있는 미분인 x^n과 같은 다항함수의 미분에서 출발해보았죠. x^5을 미분하면 $5x^4$이 된다는 점은 알고 있기 때문에 x^5을 두 함수의 곱이면 어떨까 하고 생각했습니다. 그러니까 x^5을 x^2과 x^3의 두 함수의 곱이라고 분리한 것이죠. 그리고 도함수의 정의식(3장의 식 3.6.3)에 대입하니 다음과 같은 식이 나왔습니다."

$$\frac{d}{dx}(x^2\cdot x^3)=\lim_{\Delta x\longrightarrow 0}\frac{(x+\Delta x)^2\cdot(x+\Delta x)^3-x^2\cdot x^3}{\Delta x}$$

여기까지 설명하다가 델타는 잠시 박사를 보았다. 뜻밖에도 미소를 짓고 있는 모습을 보자 델타는 더욱 신이 나 자신감을 가지고 자신의 사고 과정을 설명해나갔다.

"문제는 분자의 식인데 이 식을 그대로 전개한다면 x^5을 x^2과 x^3으로 분리한 의미가 사라지므로 이 자체에서 어떻게 처리할 것인가 고민하는 데 꽤 시간이 걸렸습니다. 그러다가 불현듯 x^2과 x^3을 미분할 때의 도함수의 식을 한번 적어놓고 비교하는 것이 좋겠다 싶어서 다음과 같이 두 식을 적어보았습니다."

$$\frac{d}{dx}(x^2) = \lim_{\Delta x \longrightarrow 0} \frac{(x+\Delta x)^2 - x^2}{\Delta x}$$

$$\frac{d}{dx}(x^3) = \lim_{\Delta x \longrightarrow 0} \frac{(x+\Delta x)^3 - x^3}{\Delta x}$$

"만약에 x^2이 $f(x)$, x^3이 $g(x)$라고 하면 위의 두 식은 각각 $f'(x)$와 $g'(x)$가 될 것이고 박사님이 제시한 문제의 식과 비교해보니……."

"거기까지. 아주 훌륭했어. 자네의 답은 보지 않더라도 과정에 하자가 없을 것 같네."

"감사합니다."

델타는 문제를 푸는 과정에서 생긴 의문점을 하나 박사에게 물어보았다.

"박사님, 왜 굳이 저런 미분 공식이 있어야 하죠? 필요성을 잘 모르겠어요."

"그래, 아마 네가 x^n이나 삼각함수의 미분만 해서 그러할지 모르겠어. 만약에 다음과 같은 함수를 미분하면 어떻게 될까?"

$$(x-1)^{10}(x^2+2x-1)^5 \tag{6.3.2}$$

"아, 그렇겠군요. $(x-1)^{10}(x^2+2x-1)^5$의 식을 모두 전개해 다항함수로 만들어 미분할 수 있겠지만 그것은 매우 어리석은 일이 되겠어요. 그렇게 하지 않고 $(x-1)^{10}$과 $(x^2+2x-1)^5$을 각각 $f(x)$와 $g(x)$로 놓고 방금 한 미분 공식을 이용하면 훨씬 쉽게 미분이 가능하겠어요."

"그렇지? $x^3\sin x$와 같은 함수의 미분도 마찬가지야. 그래서 저와 같은 미분 공식이 필요한 것이지. 이제 여기에서 편의상 $f(x)$를 u, $g(x)$를 v로 바꿔서 식 (6.3.1)을 적어보면 다음과 같아지겠지."

$$\frac{d}{dx}(uv)=\frac{du}{dx}\cdot v+u\cdot\frac{dv}{dx} \tag{6.3.3}$$

"식 (6.3.1)과 (6.3.3)은 편의상 문자만 바꿨을 뿐이지 두 식이 같다는 것은 충분히 알 수 있겠지."

"네, 그거야 뭐……."

단지 문자만 바꿔놓고 무엇을 하자는 것인지 박사의 의도를 델타는 아직 간파하지 못하고 있다. 박사가 그런 델타에게 말했다.

"무한소에 대해서는 꽤 이해하고 있는 것 같으니 한 가지 질문을 하겠네. 무한소는 0으로 취급할 수도 있지만 0은 아니기 때문에 사칙연산도 가능하다는 것은 알고 있지?"

"아, 사칙연산까지는 생각하지 못했지만 충분히 이해가 가요."

"식 (6.3.3)에 무한소 dx를 양변에 곱해도 아무런 문제가 없어. 그러면 양변의 분모에 있는 무한소 dx가 소거될 것이야."

$$d(uv) = vdu + udv \text{ 혹은 } udv = d(uv) - vdu$$

"그리고 양변을 적분하면 위의 식은 다음과 같이 정리가 돼."

$$\int \boldsymbol{udv} = \boldsymbol{uv} - \int \boldsymbol{vdu} \quad \left(\because \int d(uv) = uv\right) \tag{6.3.4}$$

"바로 이 식이 부분적분의 방법이야. 무슨 말인지 잘 모르겠지?"

"예. 도무지 감이 오질 않는데요."

"당연하지. 아직은 저 식을 어떻게 사용하는지 실제의 예도 보여주지 않았으니까. 하지만 이 부분적분법은 적분에서 빼놓을 수 없는 가장 강력한 기교이므로 반드시 알아두어야 할 방법이야. 참고로 이 부분적분법은 달의 충돌시간에서는 사용되지 않아. 하지만 앞으로 자네가 달의 충돌만 풀 것은 아니잖아. 그러니까 이 부분적분도 잘 이해하고 있어야 하네. 이것의 사용법은 다른 수학 문제집에 충분히 나오니까 살펴보게나."

"그런데 박사님, 식 (6.3.2)의 도함수를 구할 때 $(x-1)^{10}$이나 $(x^2+2x-1)^5$의 각각에 대한 도함수를 구하기도 꽤나 까다로울 것 같은데요?"

박사는 델타의 질문에 흐뭇한 미소를 지으며 말했다.

"충분히 그런 의문점을 가질 수 있어. 그렇지만 그 점은 스스로 궁리해 보는 것이 좋겠어.■ 잠시 쉬었다 할까?"

그러고 보니 두 시간이 훌쩍 지나 있었다. 발표도 하고 문제도 풀다보니 시간 가는 줄 모른 것이다.

■ 델타의 질문에 대한 해법은 이번 절 '미분의 기본공식'에서 다룬 연쇄법칙을 활용하면 해결이 가능하다. 자세한 해법은 연습문제 참조.

미분의 기본공식

미분의 정의는 충분히 밝힌 바 있다. 그러나 다양한 종류의 함수를 미분하기 위해서는 기교가 필요하다. 그러한 기교는 사실상 모두 도함수의 정의 (3.6.3)의 식에서 나온 것이다. 대표적인 몇 가지를 소개한다.

(1) **연쇄법칙**: $y=f(g(x))$의 도함수는 $\dfrac{dy}{dx}=f'(g(x))\,g'(x)$

$g(x)$가 x에 대해 미분가능하고 f가 $g(x)$에 대해 미분가능하면 $y=f(g(x))$의 도함수는 위와 같다. 이것은 이렇게 생각해도 좋겠다. 주어진 함수 $f(x)$를 $u=g(x)$로 치환하면 함수 $f(x)$는 $f(u)$로 될 것이다. 이것을 x에 대해 미분하기 위해서는 $f(u)$를 u에 대해 미분하고 u를 x에 대해 미분하면 된다. 즉, $y=f(u)$와 $u=g(x)$일 때 $f(u)$의 x에 대한 도함수는 아래와 같다.

$$\frac{dy}{dx}=\frac{dy}{du}\frac{du}{dx}$$

(2) $y=f(x)g(x)$의 도함수는 $\dfrac{dy}{dx}=f'(x)\,g(x)+f(x)\,g'(x)$

(3) $y=\dfrac{f(x)}{g(x)}$의 도함수는 $\dfrac{dy}{dx}=\dfrac{f'(x)\,g(x)-f(x)\,g'(x)}{\{g(x)\}^2}$ (6.3.5)

04
치환적분

두 사람은 자리에 마주 앉아 다시 이야기를 시작했다. 좀 전의 들뜬 분위기와는 달리 차분한 가운데 진행되었다.

"가만, 자네 원의 넓이를 구했다고 했나?"

"아, 아니요. 그게 정적분식까지 유도한 것은 정확한 듯했지만 그 식을 계산하기가 어려웠어요. 그리고 달의 충돌과 직접 관련이 없어서 나중에 다시 도전해보기로 하고 일단 접었습니다."

"어떤 식이었지?"

"예, 바로 이 식이었어요."

$$\int_0^a \sqrt{a^2 - x^2}\,dx \tag{6.4.1}$$

위의 식은 이미 5장의 (4)절에서 구한 (5.4.2)의 식을 다시 적은 것이다. 박사가 이 식을 보면서 말했다.

"계산하기 조금 힘든 수식이긴 한데 충분히 할 수도 있었을 텐데."

델타는 순간 몸을 움찔하면서 다시 한 번 식을 살펴보았다. 하지만 지금껏 풀지 못했던 것을 갑자기 해결하기란 불가능해 보였다.

"하긴, 이 식을 해결하려면 약간의 기교가 필요하기는 해. 그것을 모르면 풀기가 만만치 않지. 무엇보다 이 식의 해결이 결국 달의 충돌시간을 계산할 때 필요하다는 거야."

"네???"

박사의 말은 델타에게 놀라움을 안겨주었다.

"아까 적분을 하는 방법에는 두 가지가 있다고 했고, 그중 한 가지는 부분적분임은 이미 설명했어. 나머지 하나가 바로 이 식의 해결에 필요한 방법으로 치환적분이라는 것이야. 치환이 뭔지는 알지?"

"예, 복잡한 식을 간단한 식으로 바꿔 계산하기 편리하게 해주는 것 아닌가요?"

"맞아. 치환이라는 것에 무슨 수학적 의미가 내포되어 있지는 않아. 단지 복잡한 수식을 간단히 해서 계산을 쉽게 하자는 것일 뿐이야. 그런데 적분에서 치환은 대단한 위력을 발휘해. 지금 이 식도 치환을 이용하면 아주 쉽게 해결할 수 있는 식으로 바꿀 수가 있네. 특히 저렇게 제곱근이 포함되어 있는 경우에는 삼각함수로 치환하는 것이 가장 좋은 방법이야."

"네? 삼각함수요?"

"그래, 삼각함수. 대부분 삼각함수를 이용하면 수식이 더 복잡해지고 난해해질 것으로 두려워하는데 그것은 삼각함수를 모르기 때문에 하는 말이네. 발표 때 보니 라디안이 가지는 의미는 충분히 알고 있던데?"

"예. 완전히 이해했다고 말씀드리기는 뭐해도요."

"라디안을 도입함으로써 삼각함수는 미분과 적분이라는 세계로 들어올 수 있게 되었어. 그게 라디안을 정의한 이유라고 해도 좋아. 거기까지 알고 있었지?"

델타가 가볍게 고개를 끄덕이자 박사는 계속 말을 이어갔다.

"미적분은 수학의 꽃이라고 하잖아. 어떤 수학 이론을 제시할 때, 미분 · 적분과 관련되지 않으면 아무리 훌륭한 이론이어도 폐기될 수 있어. 마치 수학에서 미분과 적분은 블랙홀■과 같은 존재이지."

■ 블랙홀(black hole)은 그 중심인 특이점의 중력장이 너무 커 그 경계인 사건의 지평선을 지나면 어느 것도 빠져나올 수 없는 시공간 영역을 의미한다. 어원은 영어로 '검은 구멍'이라는 뜻으로 어느 것도 빠져 나오지 못해 검게 보일 것이라는 추측에서 비롯되었다. (출처: 위키백과)

잠시 박사는 말을 끊고 델타가 자신의 생각을 정리할 시간을 준다.

"저, 박사님. 잠시만 기회를 주시면 안 되겠어요? 사실 삼각함수가 여기에 이용될 것이라고는 생각지도 못했고, 무엇보다 좀 전에 말씀드렸지만 달의 충돌시간 계산에 필요하리라 여기지 않아 많은 노력을 기울이지 않았거든요. 지금 한 번 도전해보고 싶습니다."

박사는 흔쾌히 승낙하며 시간을 주었다. 과연 델타가 이 문제를 해결할 수 있을지 잠시 델타의 생각 속으로 들어가보자.

치환은 계산을 간단히 하기 위한 목적이 가장 커. 그렇다면 식 (6.4.1)을 치환하여 적분할 수 있는 간단한 식으로 바꾸어야 되지 않나? 내가 할 수 있는 적분이라는 것이 다항함수의 적분과 $\cos\theta$나 $\sin\theta$의 적분이니까 이러한 꼴의 형태로 바꿀 수 있게 치환을 해야 되겠지.

현재 수식의 꼴은 제곱근이 있는 $\sqrt{a^2 - x^2}$ 이기에 적분이 힘드니까 치환하여 이 제곱근을 없애서 다항함수나 $\sin\theta$와 같은 간단한 삼각함수의 형태로 바꿔야 할 것 같아. 이 생각을 적용하자면 $\sqrt{\ }$ 안의 식을 제곱의 형태로 전환해야 되겠지.

$$\sqrt{X^2}=X\ (X>0\text{일 때})$$

치환은 삼각함수를 이용해서 한다고 하셨으니까 삼각함수의 내용을 한번 더듬어보자. 뭔가 있을 텐데……. 그래, 제곱꼴이 있었던 수식으로는 다음과 같은 식(식 4.2.2)이 있었어.

$$\sin^2\theta+\cos^2\theta=1$$

그러니까 $\cos^2\theta=1-\sin^2\theta$이므로 $\sqrt{\ }$ 안의 식이 $1-\sin^2\theta$이면 $\cos^2\theta$가 되지 않나? 그래, 분명 이걸 이용해야 될 거야. x를 $a\sin\theta$로 치환해보면,

$$\sqrt{a^2-x^2}\xrightarrow{x=a\sin\theta}\sqrt{a^2-a^2\sin^2\theta}=\sqrt{a^2\cos^2\theta}=a\cos\theta$$

■ x를 $x=a\cos\theta$로 치환해도 같은 결과를 얻을 수 있다.

옳거니, 제곱근이 사라졌어. 주어진 식 (6.4.1)은 다음과 같이 바뀌겠지.■

$$\int_0^a\sqrt{a^2-x^2}\,dx=\int_0^a a\cos\theta dx \tag{6.4.2}$$

어? dx가 남아 있네? dx를 그냥 $d\theta$로 바꿀 수 있나? 아니야, 그것은 뭔가 이상해. $dx=d\theta$로 하기에는 논리가 맞지 않아. $x=a\sin\theta$로 치환한 것에서 찾아야 할 것 같아. 일단 양변을 θ로 미분해보는 것은 어떨까?

$$\frac{dx}{d\theta}=a\cos\theta$$

확실히 이 식을 보니 dx를 $d\theta$로 놓을 수는 없겠네. 가만 $d\theta$는 무한소가 아닌가? 아까 박사님께서 무한소는 0이 아니므로 사칙연산이 가능하다고 하셨어. 앞의 수식 양변에 $d\theta$를 곱하면

$$dx = a\cos\theta d\theta$$

이고 결국 (6.4.1)은 다음과 같이 θ의 함수식으로 바뀌겠어.

$$\int_0^a \sqrt{a^2 - x^2}\, dx = \int_0^a a^2 \cos^2 \theta d\theta$$

"오, 훌륭해. 잘하면 풀겠는데?"

문제에 몰입하다보니 델타는 박사가 자신의 옆에서 문제 푸는 것을 지켜보는 줄도 몰랐지만 칭찬에 우쭐해지는 기분을 감추지 못했다.

"아, 진작 이렇게 삼각함수를 이용해서 풀 수 있다는 생각을 했더라면 좋았을 텐데요. 그래도 박사님이 주신 힌트로 해결이 가능해졌어요, 하하."

"하지만 이 수식에는 한 가지가 틀렸어."

"예?"

"치환해주었으니 구간도 달라져야 하지 않을까?"

잠시 자신이 계산한 과정을 살피던 델타는 구간도 바뀌어야 함을 알았다.

"아, 그러네요. 적분구간이 x에서는 0에서부터 a이지만 θ도 0에서 a라고 할 수는 없겠어요."

델타는 구간이 바뀔 것이라고 전혀 생각하지 못했다. 치환을 해주었기

때문에 구간도 달라지는 게 당연하겠구나 되새기며 이번에는 구간에 대해 고민했다.

$$x=a\sin\theta\text{에서}$$
$$x=0\text{이기 위해서는 }\theta=0$$
$$x=a\text{이기 위해서는 }\theta=\frac{\pi}{2}$$

따라서 식 (6.4.2)는 구간만 달라져서 다음과 같이 정리된다.

$$\int_0^a \sqrt{a^2-x^2}\,dx=\int_0^{\frac{\pi}{2}} a^2\cos^2\theta d\theta \tag{6.4.3}$$

박사가 설명을 덧붙였다.

"갑자기 수식이 확 바뀌니까 조금은 당혹스러운 면도 없지 않지? 하지만 계산을 멋들어지게 처리한다는 점에서 치환은 매우 훌륭한 수학적 기교임에는 틀림없어."

치환을 통해 해결하기 힘든 적분을 쉽게 처리할 수 있다는 점과 무엇보다 여기에 삼각함수가 놀라운 역할을 수행하고 있다는 점이 델타 역시 경이롭기는 마찬가지였다.

"아직 알아야 할 게 많네요. 적분에 이런 기교들이 숨어 있었다니 새삼 놀라워요."

"처음부터 모든 것을 알 수는 없잖아. 그리고 이러한 치환적분이나 부분적분은 기교에 불과하고 오히려 자네가 알아낸 사실들이 훨씬 중요해. 무한소나 라디안 등 여러 기본적인 개념이 확실하게 이해되고 나서야 이러한 기교들을 더 멋들어지게 사용할 수 있어. 누차 말하지만 아직은 네가 이것들에 익숙하지 않아서 사용하는 데 불편한 것일 뿐이야."

"아직 $\cos^2\theta$의 적분을 처리하지 못하고 있는데요? 생각을 더 해봐야겠지만 이것도 만만치 않을 것 같아요."

"그렇구나. 식 (6.4.3)에서 남은 $\cos^2\theta$를 적분해야 되지. 삼각함수의 미분과 적분이 어떻게 되는지는 알고 있지?"

"예, $\sin\theta$나 $\cos\theta$의 미적분은 알고 있어요. 하지만 $\cos^2\theta$의 적분은 생소합니다."

갑자기 델타의 배에서 허기를 알리는 소리가 둘 사이의 대화에 끼어들었다.

"보아하니 배고픈가 보구나. 벌써 시간이 이렇게 되었네. 좋아하는 음식 있니?"

"저는 아무것이나 좋아요."

박사는 종이와 펜을 준비하고서 델타와 함께 사무실을 나섰다. 이미 주변은 완전히 어두워졌고 허기진 두 사람은 근처 패밀리 레스토랑을 향해 걸어갔다.

"참, 삼각함수의 덧셈정리에 대해서는 알고 있니?"

"예."

"그래? 달의 충돌문제를 푸는 과정에서 많은 것을 알게 되었구나. 덧셈정리를 알고 있다니 아까의 적분도 충분히 해결할 도구를 가지고 있었네."

치환을 이용한 적분

치환적분의 목적은 적분하고자 하는 식의 변수를 다른 변수로 치환하여 더 적분하기 쉬운 형태의 식으로 바꾸고자 하는 것이다. 다음과 같은 $\int f(x)\,dx$의 적분에서 x라는 변수를 $x=g(t)$로 치환하는 경우를 생각하자. 만약 $f(x)$의 부정적분을 $F(x)$라 하면 $x=g(t)$이므로 당연히 $F(x)=F(g(t))$이다. 이제 이 식의 양변을 t에 대해 미분하는 경우를 생각하자.

$$\frac{dF(x)}{dt}=\frac{dF(x)}{dx}\cdot\frac{dx}{dt}=f(x)\cdot\frac{dx}{dt}$$

이때 $\frac{dx}{dt}$는 다음과 같이 정리된다.

$$\frac{dx}{dt}=\frac{dg(t)}{dt}=g'(t)$$

따라서

$$F(x)=\int f(x)\,dx=\int f(g(t))\,g'(t)\,dt$$

이다.

05
중요한 힌트

걷고 있던 델타의 머릿속은 빠르게 회전하기 시작했다. 삼각함수의 덧셈 정리를 이용해서 풀 수 있다고? 그때 덧셈정리에 나오는 여러 공식 중 하나(4장의 식 4.7.8)가 떠올랐다.

$$\cos^2\theta=\frac{1+\cos 2\theta}{2}$$

"박사님, $\cos^2\theta$를 $\cos 2\theta$의 식으로 바꾸면 가능하겠어요!"

"하하, 점점 알고 있는 지식을 활용하는 힘이 생겨나고 있구나."

레스토랑에서 자리를 잡자마자 델타는 빠르게 주어진 적분문제를 완성해나갔다. 그 사이 박사는 음식을 주문한 후 가만히 문제를 푸는 델타의 모습을 지켜보았다. 델타는 자신만만하게 풀이과정을 박사에게 보여드렸다.

박사는 풀이를 보면서 고개를 끄덕였다. 잠시 적막이 흘렀고, 박사의 시선이 옆 테이블에 앉아 있는 한 가족에게 닿았다. 중학생으로 보이는 학생이 자신의 스마트폰으로 뭔가에 열중할 뿐 가족과 대화를 하고 있지는 않았다.

"델타군은 스마트폰을 가지고 있나?"

"아니요. 저는 그냥 일반폰이에요. 아직은 어린 나이라고 부모님이 사주시지 않네요."

"솔직히 스마트폰은 너무 스마트한 것 같아. 내가 당장 모르는 것을 금방 알려주잖아. 저런 기기가 없으면 자료를 뒤지든지 다른 사람에게 물어보든지 해서 알게 되는 경우가 많은데."

"그래서 편리하고 좋잖아요."

"그렇긴 하지만……. 광주에 내 처제가 살고 있거든. 그런데 갈 때마다 내비게이션을 쓰다보니 자주 가는 길인데도 그놈의 기기 없이는 찾아갈 자신이 없어. 길에 대해 생각을 잘 안 해서 생긴 결과인데, 이러다가 바보가 되는 것은 아닌지 걱정이 들 정도야. 스마트폰도 마찬가지야. 모르는 건 인터넷 검색 한 번이면 바로바로 나오니까 스스로 생각할 일이 점점 줄어들게 돼. 거기에 익숙해지면 문제에 봉착했을 때 그것을 해결할 인내심이나 생각하는 힘이 부족해져서 쉽게 포기하고 마는 것은 아닌가 싶네."

마침 음식이 나와 배고픈 두 사람은 식사를 시작하였다. 어느 정도 허기를 면하자 델타가 말했다.

"저, 박사님. 달의 충돌시간에 대한 힌트를 주신다고 하지 않으셨어요?"

박사가 희미한 미소를 지으며 말했다.

"그렇구나. 아까 네가 발표할 때 달의 운동방정식에서 전혀 진전이 되지 않는다고 하였지?"

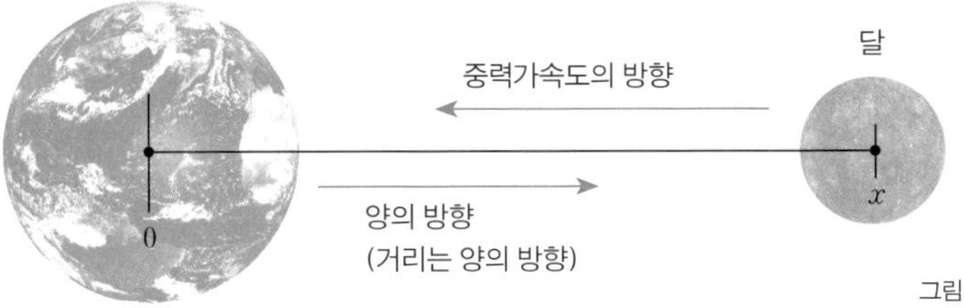

그림 6.5.1

"예, 보기에는 굉장히 단순한 수식인 것 같은데 아무리 뜯어보아도 더 이상 처리할 방법이 떠오르지 않았어요."

"그래, 쉽지 않은 식이야. 그 전에 자네가 구한 달의 운동방정식에서 한 가지가 틀렸어."

"네?"

"아, 크게 틀린 것은 아니고 자네의 운동방정식에 음의 부호 '−'만 붙여주면 돼. 다음의 수식과 같이."

$$g = -\frac{GM}{x^2} \tag{6.5.1}$$

"왜, 그렇죠?"

"달에 작용하는 힘은 중력뿐이므로 지구 쪽으로 잡아당겨지고 있어. 그림 6.5.1처럼 좌표를 정한 상태에서는 힘은 왼쪽 방향이므로 음의 방향을 가졌다고 봐야 하지 않을까? 이 점을 생각하지 않았어. 뭐, '−'부호를 생략해도 어찌 보면 큰 문제는 생기지 않을 거야. 단지 답이 음수만 나올 뿐이니까."

델타는 박사의 설명을 충분히 이해하며 식 (6.5.1)을 뚫어지게 쳐다보았다. 음의 부호만 붙었지 자신이 그동안 해결하지 못한 식과 다른 데가 없었던 터라 암담하기는 마찬가지였다. 원의 넓이를 적분으로 해결하는 것은 좋았지만 운동방정식의 해법은 아직도 오리무중인 셈이었다.

"박사님, 그러면 이 운동방정식을 해결하려면 어떻게 해야 될까요? 제가 전혀 생각하지 못하고 있거나 모르고 있는 어떤 원리가 숨어 있을까요?"

"그래. 너무 막연할 때에는 누군가 약간 방향을 잡아줄 필요가 있지. 아무리 머리가 우수해도 혼자 모든 이론을 정립하는 것은 불가능하니까. 네가 생각하기에 어느 부분이 가장 어렵게 느껴지니?"

"일단 이 운동방정식을 가지고 적분을 이용해서 해결해야 될 것 같긴 해요. 그러기 위해서는 적분식을 도출해내야 하겠지만 이것이 쉽지가 않습니다. 중력가속도가 시간에 대해 두 번 미분한 것$\left(g=\frac{d^2x}{dt^2}\right)$이니까 운동방정식을 다시 쓰면 다음과 같은데요, 그다음은 어떻게 처리해야 할지 난감합니다."

$$g=-\frac{\mathrm{GM}}{x^2} \longrightarrow \frac{d^2x}{dt^2}=-\frac{\mathrm{GM}}{x^2} \tag{6.5.2}$$

"흠, 이계도함수의 꼴이라 쉽게 해결하기 어려운 건 아닐까? 좀 더 단순화시켜 일계도함수이면 적분식이 쉽게 도출되어서 해결이 용이할 것 같기도 한데……. 예를 들어 다음과 같은 일계도함수의 꼴로 되어 있는 수식이 있다면 말이야."

$$\frac{dx}{dt}=-\frac{\mathrm{GM}}{x^2}$$

"어라? 한결 쉽게 느껴지는데요? 무한소를 서로 곱하거나 나누는 것이 가능하니까 양변에 x^2과 dt를 각각 곱해줘서 x와 t의 두 변수를 양변에 각각 따로 몰아준 다음 정리하면 적분이 가능하겠어요."

$$x^2dx = -\mathrm{GM}dt$$

$$\int x^2dx = -\int \mathrm{GM}dt \longrightarrow \frac{1}{3}x^3 = -\mathrm{GM}t$$

위의 계산을 하고 난 델타는 자기가 어떻게 쉽게 처리했는지 오히려 의아하다.

"잘하네! 그러면 **달의 운동방정식도 일계도함수로 바꿀 수만 있으면 가능하지 않겠나?"**

갑자기 밝은 서광이 비추는 것 같았다. 곧바로 한 가지 아이디어가 떠오른 델타는 이계도함수로 된 달의 운동방정식을 일계도함수로 바꿔보았다.

$$\frac{d^2x}{dt^2} = \frac{d}{dt}\left(\frac{dx}{dt}\right) = \frac{dv}{dt} \quad \left(\because v = \frac{dx}{dt}\right)$$

위의 식에 의해 식 (6.5.2)는 다음과 같게 된다.

$$\boldsymbol{\frac{dv}{dt} = -\frac{\mathrm{GM}}{x^2}} \tag{6.5.3}$$

"이렇게 되면 일계도함수로 바뀌긴 했지만 속도 항이 추가되어 더 난처해지는 것 아닌가요?"

델타는 자신이 없어서인지 말꼬리에 힘이 떨어졌다. 원래의 식과 비교해서 변수가 하나 더 추가되었기에 쉽게 처리할 수가 없었다.

"그래, 위의 식은 변수가 오히려 하나 더 늘어나 세 개가 되어버려 처리하기가 더 곤란해졌다고 할 수 있어. 네 말처럼 변수가 적을수록 식의 계산이 용이할 텐데 변수를 더 늘렸으니 거꾸로 가는 격인 셈이지. 하지만 이계도함수의 꼴은 사라졌으니 진일보한 형태가 아닐까? 이제 어떻게 해서든지 변수 하나를 소거해줘야 될 거야. 어떤 변수를 없애야 될까?"

"변수를 하나 소거하라고 하신 점에 미루어보면 원래 식 (6.5.2)는 시간(t)과 거리(x)의 함수였지만 (6.5.3)은 속도(v)라는 변수가 하나 더 추가된 것이거든요. 이계도함수를 없애기 위해 속도라는 변수를 추가한 입장에서 속도를 다시 소거하는 것은 목적과는 거꾸로 가는 격이므로 속도를 소거하는 것은 아니고, 거리와 시간에서 거리 x를 소거하는 방법을 택하는 것이 좋을 듯싶어요. 그래야 속도와 시간의 식이 되고 그 식으로부터 거리를 구할 수 있으니까요."

"그런 판단도 충분히 가능하네. 하지만 자네는 지금까지 등속도, 등가속도운동에서 생각하다보니 반드시 수식에 시간의 항이 있어야 된다는 사고의 틀에 갇혀 있는 것이 아닐까? 어찌 보면 기존의 습관을 버리고 새로운 생각을 창조하는 것만큼 어려운 일도 없는 것 같네."

델타는 순간 뒷머리를 망치로 한 대 맞은 기분이었다. 나름 자유로운 사고를 하고 있다고 자부하던 그였지만 사고의 틀에서 벗어나지 못했던 것이다. 어찌되었든 박사의 의도는 시간을 소거해서 속도와 거리의 식으로 표현하라는 뜻이었다.

"그래, **이 수식에서 시간 t를 소거하여 속도와 거리의 식만으로 표현**해야 문제가 풀려. 시간을 어떻게 소거하느냐면……."

"잠시만요, 박사님. 그 이후는 제가 다시 해보겠습니다. 아직 방법이 떠오르는 건 아니지만……."

"하하, 그러게나. 마지막으로 힌트를 준다면, **무한소를 이용해서 시간을 소거하면 속도와 거리의 수식으로 이뤄질 것이고, 그 식을 적분해야 되는 상황에**

직면할 것인데 그때에는 반드시 구간을 설정해서 정적분으로 계산해야 된다는 것이야. 아마도 델타군은 충분히 알아낼 것이라 믿어. 꽤 시간이 흘렀으니 여기서 마무리를 지을까?"

식당을 나와 델타가 박사에게 고맙다는 인사말을 전하려 할 때, 박사가 뭔가를 골똘히 생각하다 입을 열었다.

"내가 자네에게 델타라는 닉네임을 붙여주면서 그 의미까지 알아보라고 했지?"

"네."

"그 이름을 스스로 풀었으니 이제는 델타라고 부르지 않겠네. 대신 나중에 만나서 내가 이런 유사한 문제를 다시 낼 때에는 그 문제에 어울리는 닉네임을 새로 지어주지. 하하, 잘 가게."

"네, 정말 고맙습니다."

06

내공을 쌓다

박사와의 만남 이후 델타는 수학을 바라보는 눈이 한층 깊어졌다. 지금까지는 거의 혼자 공부해왔지만 이런 방식에 한계가 있다는 것도 절감했다. 당장 현재의 능력으로 식 (6.5.3)의 처리도 불가능했기 때문이다.

잠시 달의 충돌시간 문제를 접고 델타는 고등학교 1학년 기말고사를 치른 후 겨울방학 때 미분과 적분에 대해 체계 있는 교육을 받기 시작했다. 배고픈 원숭이의 입장에서 과일 바구니를 따기 위해서는 노끈을 이용해 막대기를 묶는 것과 같이 생각할 줄 아는 힘도 필요하지만 그보다 먼저 의자, 막대기, 노끈 등 도구에 해당하는 지식을 더 많이 습득해야 했다. 천재 수학자 뉴턴이 한 다음의 말을 델타는 충분히 이해한 것이다.

"내가 다른 이들보다 더 멀리 볼 수 있었던 것은 바로 거인들의 어깨에 올라서서 더 멀리 바라보았기 때문이다."

비록 더 많은 지식을 쌓기 위해 공부에 매진했지만 델타의 머릿속에서 항상 떠나지 않은 것이 식 (6.5.3)이었다. 공부를 하면서 이 수식의 처리

방법을 늘 고민하였고, 드디어 여러 시도 끝에 식 (6.5.3)을 다음과 같이 처리하는 데 성공하였다.

$$\frac{dv}{dt} = -\frac{\mathrm{GM}}{x^2} \xrightarrow{\text{양변에 } v\text{를 곱한다}} v\frac{dv}{dt} = -\frac{\mathrm{GM}}{x^2}v$$

그리고 시간의 항인 dt를 소거해야 한다는 점에 착안하여 다음과 같이 처리하였다. 속도 v는 거리를 미분한 것이므로 우변의 속도 항만 $v = \frac{dx}{dt}$로 바꾼 것이다.

$$v\frac{dv}{dt} = -\frac{\mathrm{GM}}{x^2}\frac{dx}{dt}$$

이제 식의 양변에 무한소 dt를 곱하여 아래의 식으로 정리할 수 있었다.

$$vdv = -\mathrm{GM}\frac{dx}{x^2} \qquad (6.6.1)$$

이 식이 무엇인가? 바로 박사가 말씀했듯이 시간이라는 변수를 소거하여 거리와 속도만의 식으로 되지 않았나! 델타는 만족한 미소를 머금었다. 그리고 곧바로 달과 지구의 충돌 상황을 상상했다.

'그림 6.6.1처럼 달은 원래 $x = \mathrm{R}$에서 출발하여 원점으로 가까워지므

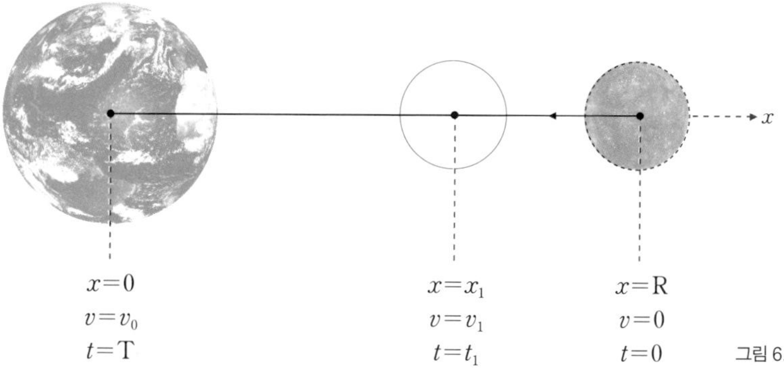

그림 6.6.1

로 이 지점을 출발점으로 지정할 수 있겠어. 그러면 $x=\mathrm{R}$에서의 속도는 이제 달이 추락하므로 당연히 $v=0$이 될 것이고 어떤 지점 $x=x_1$지점까지 떨어졌을 때에 속도는 $v=v_1$까지 증가했다고 볼 수 있겠지. 일단 거기까지 계산해보고 다시 생각해보자.'

델타는 식 (6.6.1)에서 x와 v의 구간을 그림 6.6.1과 같이 설정하고 다음과 같이 정적분을 계산했다.

$$\int_0^{v_1} v\,dv = -\mathrm{GM}\int_{\mathrm{R}}^{x_1} \frac{dx}{x^2}$$

$$\text{좌변} = \frac{1}{2}v^2\Big|_0^{v_1} = \frac{1}{2}{v_1}^2$$

$$\text{우변} = -\mathrm{GM}\frac{1}{-2+1}x^{-2+1}\Big|_{\mathrm{R}}^{x_1} = \mathrm{GM}\left(\frac{1}{x_1}-\frac{1}{\mathrm{R}}\right)\left(\because x^{-1}=\frac{1}{x}\right)$$

그리고 첨자 1은 큰 의미가 없으므로 생략했다.

$$\frac{1}{2}v^2 = \mathrm{GM}\left(\frac{1}{x}-\frac{1}{\mathrm{R}}\right) \tag{6.6.2}$$

(6.6.2)의 식에서 속도 v의 제곱항을 없애면 양의 부호와 음의 부호가 모두 답이 될 수 있었다. 그중 무엇을 택해야 할까? (예; $x^2=0$이면 $x=\sqrt{a}$ 혹은 $x=-\sqrt{a}$) 아니면 두 경우 모두를 계산해야 할까? 이때 박사가 (6.5.1)의 식을 적어주면서 음의 부호를 붙인 이유가 달이 지구를 향하는 방향이었다는 점이 생각났다. 그 점에 착안하면 달의 속도 역시 지구 쪽을 향하므로 음의 부호를 붙이는 것이 타당하다고 판단되었다.

'그래, 속도는 음의 값을 취해야 될 거야. 혹시 틀리더라도 최종적인 달의 충돌시간 값이 음이 나오는 정도일 테니까 그때 다시 수정하면 되겠지. 하지만 분명 음이 되는 것은 정당할 것 같아.'

$$v = -\sqrt{2GM}\left(\frac{1}{x} - \frac{1}{R}\right)^{\frac{1}{2}}$$

위와 같이 적어놓고 보자 그다음은 어떻게 해야 될지 떠올랐다. 바로 $v = \frac{dx}{dt}$이므로 다음과 같이 정리가 가능하였다.

$$\frac{dx}{dt} = -\sqrt{2GM}\left(\frac{1}{x} - \frac{1}{R}\right)^{\frac{1}{2}} \text{ 혹은 } -\frac{dx}{\sqrt{2GM}\left(\frac{1}{x} - \frac{1}{R}\right)^{\frac{1}{2}}} = dt \qquad (6.6.3)$$

그토록 원했던 거리와 시간의 관계식이지 않은가! 이제 이 식만 계산하면 드디어 모든 것이 해결되는 것이다. 목적지에 다가갈수록 델타는 마음을 가라앉히고 더욱 신중하게 접근했다. 일단 충돌되는 시간을 $t = T$라 놓았다. 그리고 충돌되는 시점 동안 달이 움직인 거리는 정확하게는 지구와 달 사이의 거리가 될 것이다. 그러면 구간의 설정을 다음과 같이 놓을 수 있었다.

달의 처음 위치 $x = R,\ t = 0$

지구와 충돌 시 $x = 0,\ t = T$

이렇게 설정하니 식 (6.6.3)은 다음과 같이 되었다.

$$\frac{dx}{\left(\frac{1}{x} - \frac{1}{R}\right)^{\frac{1}{2}}} = -\sqrt{2GM}\,dt \longrightarrow \int_R^0 \frac{dx}{\left(\frac{1}{x} - \frac{1}{R}\right)^{\frac{1}{2}}} = -\sqrt{2GM}\int_0^T dt$$

$$\therefore \quad T = \frac{-1}{\sqrt{2GM}}\int_R^0 \frac{dx}{\left(\frac{1}{x} - \frac{1}{R}\right)^{\frac{1}{2}}} \qquad (6.6.4)$$

그렇다. 바로 식 (6.6.4)의 우변만 계산을 처리하면 모든 것이 해결된다. 델타는 이 수식을 얻자 남다른 감회에 젖어든다. 가슴 속 깊은 곳에서 뭔가 뜨거운 것이 솟아오르는 듯하다. 그동안 자신의 앞을 가로막고 있던 거대한 산의 정상에 올라선 기분이었다.

07
충돌시간의 계산

이번 절은 델타가 식 (6.6.4)를 계산한 결과를 정리한 것이다. 해답지라 할 수 있다.

$$\int_{R}^{0} \frac{1}{\left(\frac{1}{x}-\frac{1}{R}\right)^{\frac{1}{2}}} dx = \int_{R}^{0} \left(\frac{Rx}{R-x}\right)^{\frac{1}{2}} dx \tag{6.7.1}$$

(6.7.1) 식의 적분은 삼각함수로 치환하는 것이 제격이다.

$$x = R\sin^2\theta \tag{6.7.2}$$

$\sin^2\theta$ 항이 포함되어 있으므로 $1-\sin^2\theta=\cos^2\theta$의 식을 이용할 수 있으며, 따라서 제곱근을 소거할 수 있는 조건이 생긴다. 먼저 구간부터 정의하자. x는 [R, 0]이므로 (6.7.2)로부터

$x=R$일 때 $\sin^2\theta=1$이어야 하므로 $\theta=\frac{\pi}{2}$

$x=0$일 때 $\sin^2\theta=0$이어야 하므로 $\theta=0$

이므로 θ의 범위는 $\left[0, \frac{\pi}{2}\right]$가 된다. 하지만 치환을 이용하여 구간을 정할 때 조심해야 할 것은 (6.7.2)의 식이 어떤 모양을 그리느냐 하는 것이다. 단지 증가(혹은 감소)이면 양 끝점에서의 값이 구간이 되지만 중간에 극대 혹은 극소를 가지게 되면 구간이 달라질 수 있다. 따라서 식 (6.7.2)에서 $\frac{d\theta}{dx}$에 대해 구한 값을 가지고 조사하여야 하지만 이 경우에서는 다음 그림과 같은 직관적인 고찰로 증가함수임을 알 수 있다.

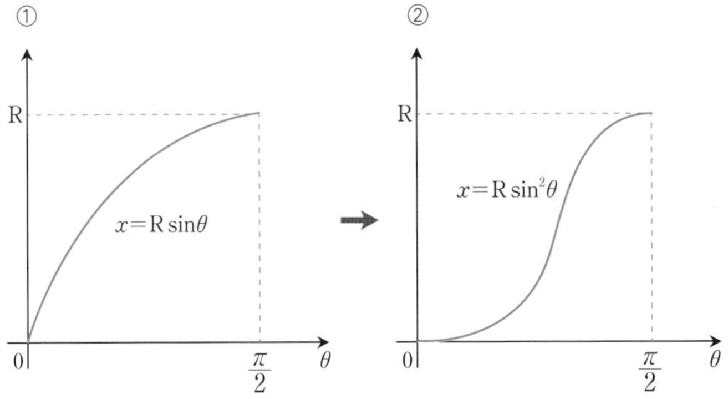

그림 6.7.1

그림 (6.7.1)의 ①에서 보면 $\sin\theta$는 $\left[0, \frac{\pi}{2}\right]$에서 증가함수이므로 $\sin^2\theta$ 역시 증가함수일 수밖에 없으므로 식 (6.7.2)는 $\left[0, \frac{\pi}{2}\right]$에서 항상 증가함수이다. 따라서 θ의 구간은 $\left[0, \frac{\pi}{2}\right]$이다. 식 (6.7.1)의 우변의 적분 항 안에 있는 분모에서

$$\sqrt{\frac{\mathrm{R}x}{\mathrm{R}-x}} = \sqrt{\frac{\mathrm{R}^2\sin^2\theta}{\mathrm{R}(1-\sin^2\theta)}} = \sqrt{\frac{\mathrm{R}^2\sin^2\theta}{\mathrm{R}\cos^2\theta}} = \sqrt{\mathrm{R}}\,\frac{\sin\theta}{\cos\theta}$$

이 되어 $\sqrt{\ }$가 소거되었다. 이제 무한소 dx를 θ의 함수로 바꿔야 한다. 그러기 위해서는 (6.7.2) 식을 θ에 대해 미분해야 한다.

$$\frac{dx}{d\theta}=\mathrm{R}\frac{d}{d\theta}(\sin^2\theta)=\mathrm{R}\frac{d(\sin^2\theta)}{d\sin\theta}\times\frac{d\sin\theta}{d\theta}=2\mathrm{R}\sin\theta\cos\theta$$

$$\therefore dx=2\mathrm{R}\sin\theta\cos\theta d\theta \tag{6.7.3}$$

(6.7.2)와 (6.7.3)을 이용하면 x의 함수로 표현된 (6.7.1)의 식을 모두 θ의 함수로 바꿀 수 있다.

$$\int_{\mathrm{R}}^{0}\left(\frac{\mathrm{R}x}{\mathrm{R}-x}\right)^{\frac{1}{2}}dx=\int_{\frac{\pi}{2}}^{0}\mathrm{R}^{\frac{1}{2}}\frac{\sin\theta}{\cos\theta}\times 2\mathrm{R}\sin\theta\cos\theta d\theta$$

$$=\mathbf{2R^{\frac{3}{2}}\int_{\frac{\pi}{2}}^{0}\sin^2\theta d\theta} \tag{6.7.4}$$

꽤나 복잡하게 보였던 수식이 굉장히 깔끔하게 변모하였다. 이것이 삼각함수로 치환했을 때의 장점이다.

$$\int_{\frac{\pi}{2}}^{0}\sin^2\theta d\theta=\int_{\frac{\pi}{2}}^{0}\frac{1-\cos 2\theta}{2}d\theta=\left[\frac{\theta}{2}-\frac{\sin 2\theta}{4}\right]_{\frac{\pi}{2}}^{0}=-\frac{\pi}{4}$$

이므로, (6.7.4)은 다음과 같이 정리된다.

$$(6.7.4)=-\boldsymbol{\frac{\pi}{2}}\mathbf{R}^{\frac{3}{2}}$$

마침내 대장정의 끝에 도착했다. 식 (6.6.4)로부터

$$\mathrm{T}=\frac{-1}{\sqrt{2\mathrm{GM}}}\int_{\mathrm{R}}^{0}\frac{dx}{\left(\frac{1}{x}-\frac{1}{\mathrm{R}}\right)^{\frac{1}{2}}}=\frac{-1}{\sqrt{2\mathrm{GM}}}\times\left(-\frac{\pi}{2}\mathrm{R}^{\frac{3}{2}}\right)$$

$$\therefore \mathbf{T}=\frac{\boldsymbol{\pi}\mathbf{R}^{\frac{3}{2}}}{\sqrt{\mathbf{8GM}}} \tag{6.7.5}$$

충돌시간 T는 위의 식에 다음의 상수값을 대입해서 계산하여 얻어진다.

R(지구와 달의 거리) $= 384{,}400{,}000$ [m]

G(중력상수) $= 6.67 \times 10^{-11}$ $[N \cdot m^2/kg^2]$

M(지구의 질량) $= 6 \times 10^{24}$ [kg]

이들의 값을 (6.7.5)에 대입해서 계산하면 T의 값을 얻어낼 수 있다.

$$T \fallingdotseq 418{,}447 \text{ [sec]}$$

대략적으로 충돌시간은 42만 초이므로 시간으로 따지면 116시간이 된다. 즉, 거의 5일 가까이 지나고 나서 달과 지구가 충돌하게 된다.

가정의 타당성

델타가 지구와 달의 충돌시간을 계산한 결과는 분명 타당하다. 그러나 그 과정에서 몇 가지 가정을 한 가운데 계산하였기 때문에 116시간이 걸린다는 결과는 실제의 값과 분명 차이가 있을 것이다. 과연 우리가 고려하지 않은 어떤 요인이 오차를 만들어냈을까?

먼저 지구와 달을 하나의 점으로 묘사해서 계산한 것을 들 수 있다. 만유인력의 법칙에 따르면 두 물체가 서로 잡아당기므로 지구도 달에 이끌려 움직이는 것 역시 생각해야 한다. 이러한 점 외에도 몇 가지를 무시하고 계산하였으나 이들 요인들이 우리의 계산 결과에 크게 영향을 주지는 못한다.

제일 찜찜한 것은 공기의 저항이다. 사실 공기의 저항은 무시할 수 없는 인자로, 우리가 얻은 값에 큰 변화를 줄 것이다. 공기의 저항으로 달의 속도는 저항이 없다는 가정에서보다 증가율이 더딜 것이고, 2장의 쉬어가기 코너에서 빗방울이 어느 지점부터는 속도가 일정한 값으로 떨어지듯 달도 속도가 증가하지 않고 일정한 속도로 떨어지게 될 것이다. 이런 점에서 충돌시간은 훨씬 길어질 것이다.

그렇기 때문에 공기의 저항을 반드시 수식에 넣어서 계산해야 한다. 충돌시간을 계산할 때 사용했던 식은 다음과 같은 변화가 필요하다.

$$\frac{d^2 r}{dt^2} = -\frac{\mathrm{GM}}{r^2} + \boldsymbol{b}\frac{\boldsymbol{dr}}{\boldsymbol{dt}}$$

공기의 저항이 저처럼 속도에 비례해서 생긴다는 보장도 할 수 없다. 어쩌면 제곱에 의한 인자도 있어야 할지 모른다. 여하튼 속도에 비례한 공기의 저항이 있다고만 하면 진하게 쓰인 수식이 더 첨가된다. 이때 b는 저항계수이다. 위의 수식을 계산하기 위해서는 한층 더 높은 차원의 수학이 필요하다. 우리의 논의를 벗어난 영역인 것이다. 이 계산을 할 수 있더라도 저항계수 b는 상수가 아닌 거리에 따라 변화하는 변수라는 점이 또 골치 아픈 문제다. 상식적으로 공기가 적은 지역에서는 b가 작지만 공기가 많은 지역에서는 커지기 때문이다. 즉 $b=b(r)$의 함수이다. 결국은 저항상수 b를 r의 함수로 표현된 수식으로 위의 식을 계산했을 때 가장 정확한 충돌시간의 계산이 가능한 것이다. 이는 수식적으로 해결되지 않는 부분이라 수치해석이라는 수학 도구를 이용하여 근삿값을 얻어내야 할 것이다.

한마디로 공기의 저항은 결과에 영향을 많이 주는 요인이다. 공기의 저항을 고려하지 못한 점은 아쉬움으로 남지만, 수식으로 해결할 수 있는 영역에서 최대한 문제를 해결했다는 점에서 우리의 작업은 의미가 있을 것이다.

연습문제

6.1

$\frac{d}{dx}\{f(x)g(x)\} = \frac{df(x)}{dx} \cdot g(x) + f(x) \cdot \frac{dg(x)}{dx}$ 을 증명하라.

6.2

다음의 도함수를 구하라.

(1) $(x-1)^{10}(x^2+2x-1)^5$

(2) $y=\sin^2 x$

(3) $y=\frac{\sin x}{x}$

6.3

다음을 적분하라.

(1) $\int x\cos x\,dx$

(2) $\int \sin^2\theta\, d\theta$

6.4

반지름 a인 원의 넓이 x가 πa^2임을 적분을 이용해서 보여라.

나만의 정답을 써내려가는 생각실험

몇 년 전 필자인 저는 친한 친구로부터 본문에서 다룬 **'달이 지구와 충돌하는 데 걸리는 시간'**을 구해 달라는 부탁을 받았습니다. 물리학을 오래 공부했지만, 전혀 생각해보지 못한 신선한 문제였습니다. 굉장히 흥미를 끄는 주제이면서 그리 어려운 문제로 보이지 않아 친구의 부탁을 흔쾌히 받아들였습니다. 하지만 생각 외로 이 문제는 몇 시간 동안 저를 괴롭혔습니다. 확실히 본문에서 다룬 충돌시간 계산은 상당한 수준이 있지 않고서는 해결하기 어려운 문제입니다. 그런데도 이 주제로 책을 쓰기로 마음먹게 된 까닭은 이 하나의 문제 속에 운동역학과 미분과 적분의 개념이 고스란히 담겨 있기 때문입니다. 역사적으로 살펴보더라도 미분과 적분은 물체의 운동을 해석하기 위한 수학적 도구로 탄생하였으니까 말이죠.

책을 써내려가면서 어떻게 이야기를 풀어나가야 할지 고민스러웠습니다. 고등학생 정도가 아니라 중학생, 나아가서는 초등학생도 이해하기 쉽게 하려면? 그때 **'진화'**라는 단어가 떠올랐습니다. 생명체가 환경에 적응

하며 변하듯이 기술도 진화하고, 개인의 지식도 진화합니다. 초등학생에게 미적분을 바로 설명하면 알아들을까요? 지식이 모여 새로운 사실을 하나 도출하듯 개인의 사고능력도 조금씩 진화해갑니다. 그래서 사칙연산 정도만 가능한 상태에서 미적분의 개념에 도달하는 과정을 생각이 진화하는 방식으로 그려나간 것이 바로 이 책입니다. 그렇지만 대부분의 사람들이 꺼리는 수식은 포함하였습니다. 수식 없는 수학책은 수학상식만 알려줄 뿐 제대로 된 수학을 보여주는 것이라 할 수 없기 때문입니다. **수식은 수학의 언어**입니다. 언어를 모르고 그 학문을 논할 수는 없는 노릇이지요.

마지막 해결과정은 가장 고민스러운 부분이었습니다. 본문에서 논한 모든 정보를 멋들어지게 활용할 수 있는 지혜와, 원숭이가 막대기 두 개를 노끈으로 묶는 것과 같은 참신한 발상이 필요하기 때문입니다. 분명 이 계산은 미적분에 어느 정도 숙달되어 있지 않고서는 해결하기 어려운 것이 사실입니다.

이유는 무엇일까요? 먼저, 공식을 이해 및 암기하고 개념을 파악했어도 쉽게 문제를 해결하지 못하는 것은 훈련부족 때문입니다. 게임을 해본 적 없는 분은 아마 없을 겁니다. 그런데 게임 방법을 모두 알고 있어도 통과하기가 쉽지 않은 것은 손에 익지 못한 까닭에 대처하는 능력이 부족해서이지요. 운동도 반복적으로 한 사람이 더 잘하는 것과 같은 이치로, 미분과 적분, 삼각함수의 이론적인 내용을 알고 있어도 문제 풀이에 어려움을 겪는 이유 역시 그 지식이 자기 것이 될 만큼 익숙하지 못하기 때문입니다. 달리 말하면 책머리에 언급한 지식의 회로망이 뇌에 구성되어 있지 못한 것이죠. 수학적 도구를 원활히 사용하기 위해서는 충분히 활용하여 익숙해지는 과정이 필요합니다.

두 번째로, 주어진 상황을 단순화시켜 달의 운동방정식만으로 해결이 가능하다는 발상을 도출한다는 것 자체가 사실 쉬운 일이 아닙니다. 수학자 레온하르트 오일러(Leonhard Euler)가 풀어서 유명해진 문제가 하나 있습니다. 쾨니히스베르크에 있는 7개의 다리에서 "같은 다리를 두 번 이상 건너지 않으면서 7개의 다리들을 모두 건널 수 있을까?" 오일러는 주어진 복잡한 상황을 단순화시켜 한붓그리기 문제로 해결하였습니다. 문제의 핵심을 통찰하는 직관이 있었기에 가능한 일이었죠.

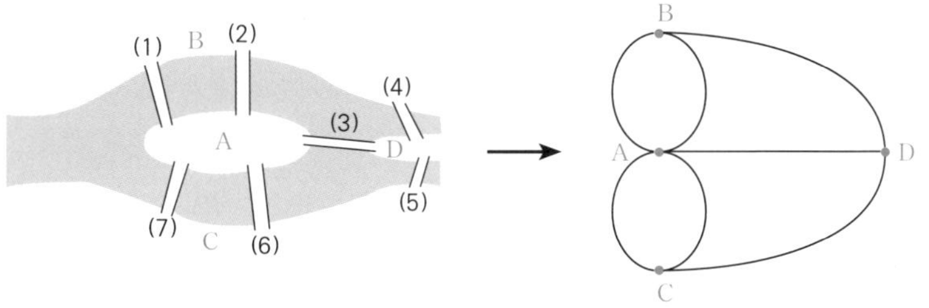

오일러의 해결방식

앞의 두 가지는 각각 **계산력과 사고력**을 말하는 것으로 둘은 불가분의 관계에 있습니다. 수학을 떠나 교육의 기본인 읽기나 쓰기 혹은 운동 등의 다른 분야에서도 몸과 뇌가 익히기 위한 '반복 연습'이 필요합니다. 일정 기간 피나는 노력을 통해 기본적인 기술을 터득해야 하는 것입니다. 하지만 기초 훈련만 지나치게 강조하면 수학이 딱딱하게 느껴져 흥미와 의욕을 잃게 됩니다. 이것은 수학을 제대로 맛보는 것도 아니지요. 수학은 본 책의 주제나 다리 건너기 문제와 같이 현실에서 일어나는 일들을 종이와 연필로 해명해가는 과정입니다. 그러기 위해서는 단순화하는 작업이 필요합니다.

물론 어려운 일입니다. 이 과정이 추상화 작업에 해당하기 때문입니다. 여기에 필요한 능력이 사물을 정확하게 관찰하고 본질이 무엇인지를 꿰뚫어 보는 사고력입니다.

예를 들어 1에서 100까지의 합을 구할 때, 이 문제를 처음 접한 사람들은 대부분 일일이 더해가며 값을 구할 것입니다. 하지만 수학적 사고력을 지닌 사람이라면, 마찬가지로 일일이 계산하더라도 패턴을 찾기 위해 번거로운 이와 같은 계산을 하게 되겠죠. 예를 들면 1부터 10까지의 합, 11부터 20까지의 합, …… 등을 진행하면서 10의 자리만 달라졌지 1에서 10까지의 합이 반복되어진다는 사실을 찾아내서 쉽게 계산을 처리할 것입니다. (물론 위대한 수학자 가우스는 7세 때 더 놀라운 방법으로 해결했지만!)

$$
\begin{aligned}
&\ \ 1+2+3+4+5+6+7+8+9+10 &&=55\\
&+11+12+13+14+15+16+17+18+19+20 &&=100+55=155\\
&+21+22+23+24+25+26+27+28+29+30 &&=200+55=255\\
&+\ \cdots
\end{aligned}
$$

우리의 사고방식은 외부로의 자극에 일차적으로 영향을 받습니다. 그렇기 때문에 책을 읽거나 하나의 문제에 깊이 숙고하는 것과 같은 선형적인 사고에는 익숙하지 못합니다. 더구나 요즘이 어떤 세상인가요? 화려한 색상과 현란한 소리로 우리의 눈과 귀를 사로잡는 것들이 주변에 넘쳐납니다. 기술 발전으로 TV매체나 스마트 기기 등에 우리의 뇌가 깊이 의존하면서 스스로 사고하는 힘이 점점 약해지고 있습니다. 그렇다면 붕어빵처럼 찍어대는 교육시스템과 기술에 길들여지지 않기 위해서는 어떻게 해야 할까요? 문제의 본질을 파악하여 해결하는 자신만의 힘을 길러야 합니다. 어떻게? **정답은 없습니다. 스스로 노력하는 길밖에는.** 이 책이 여러분에게 그러한 길로 나아가는 자그마한 안내서가 되길 기대합니다.

연습문제 정답과 풀이

2.1

한 시간 동안 60km를 가고 한 시간은 60분이므로 1분 동안 진행한 거리는 60으로 나눈 1km가 된다. 또한 1분은 60초이므로 1km에 60을 나눈 값이 1초 동안 진행하는 거리이다. 따라서 구하는 속도는 각각 다음과 같다.

$$60[\text{km/hour}]=1[\text{km/min}],$$

$$1[\text{km/min}] = \frac{1}{60}[\text{km/sec}] = \frac{50}{3}[\text{m/sec}] (\because 1\text{km}=1000\text{m})$$

2.2

$$\frac{100}{4}=25[\text{m/sec}], \frac{250}{10}=25[\text{m/sec}]$$

따라서 두 경우의 속도는 같다.

2.3

질량이 m인 물체(A)의 가속도가 a이므로 이 물체에 가해지는 힘은 f이다. 따라서 질량 $2m$인 물체(B)에 같은 가속도 a를 가지기 위해서는 $2f$의 힘이 필요하다.

2.4

순찰차가 과속차를 붙잡는 시간을 T라 놓으면 T초 후에 두 차는 같은 위치에 있게 된다. 과속차는 이미 순찰차보다 $x=125$m 앞에서 72km/hour의 같은 속도로 움직이므로 T초 후에 과속차의 위치는 다음과 같다. 이때 주의할 점은 단위를 같이 놓아야 한다는 점이다.

$$125[\mathrm{m}]+72[\mathrm{km/hour}]\times \mathrm{T}[\mathrm{sec}]=125[\mathrm{m}]+72\times \frac{1000[\mathrm{m}]}{3600[\mathrm{sec}]}\times \mathrm{T}$$

$$=125+20\mathrm{T}$$

한편 순찰차는 $x=0$의 지점에서 2m/sec^{2}의 등가속도 운동을 하므로 T초 후의 위치는 식 (2.5.1)을 이용해 다음과 같이 계산할 수 있다.

$$\frac{1}{2}\times 2[\mathrm{m/sec^2}]\times \mathrm{T}^2=\mathrm{T}^2$$

이렇게 얻은 두 값은 같아야 한다.

$$\mathrm{T}^2=20\mathrm{T}+125 \rightarrow (\mathrm{T}+5)(\mathrm{T}-25)=0,\ \therefore\ \mathbf{T=25}\text{\textbf{초}}$$

2.5

(1) 만유인력은 거리의 제곱에 반비례하므로 $\frac{1}{4}$**로 감소**한다.

(2) 지구의 중력은 지구 중심과의 거리(약 6380km)의 값과 관련되므로 나무의 높이가 2배가 되었다고 중력의 크기가 $\frac{1}{4}$로 감소하지 않는다. 나무의 높이는 지구의 반지름과 비교해 상당히 작은 값이므로 사과에 작용하는 중력의 크기는 **거의 변화가 없다**. 중력의 크기가 1% 감소하려 하더라도 32km만큼 높아져야 한다.

2.6

빗방울의 속도가 일정하므로 **가속도**는 **0**이다. 중력의 영향을 받으면서 떨어지는 빗방울의 가속도가 0이 되기 위해서는 중력의 크기에 해당하는 공기의 저항이 존재하여야 한다. 즉, 공기의 저항력은 빗방울에 작용하는 중력의 크기와 같고 그 방향은 반대이다.

$\therefore 0.01[\mathrm{kg}]\times 10[\mathrm{m/sec^2}]=\mathbf{0.1\ [N]}$

3.1

(1) $y'=6x^2-1$

(2) $y'=18x^{\frac{1}{2}}$

3.2

(1) $\lim\limits_{x\to 2}\frac{x^2-4}{x-2}=\lim\limits_{x\to 2}\frac{(x-2)(x+2)}{x-2}=\lim\limits_{x\to 2}(x+2)=\mathbf{4}$

(2) $\lim\limits_{x\to 2}\frac{x-4}{\sqrt{x}-2}=\lim\limits_{x\to 4}\frac{(x-4)(\sqrt{x}+2)}{(\sqrt{x}-2)(\sqrt{x}+2)}=\lim\limits_{x\to 4}\frac{(x-4)(\sqrt{x}+2)}{x-4}$

$=\lim\limits_{x\to 4}(\sqrt{x}+2)=\mathbf{4}$

3.3

도함수의 정의로 얻은 것이므로 속도는 다음과 같이 얻어진다.

$$
\begin{aligned}
v &= \lim_{\Delta t\to 0}\frac{x(t+\Delta t)-x(t)}{\Delta t} = \lim_{\Delta t\to 0}\frac{(t+\Delta t)^3-t^3}{\Delta t}\\
&= \lim_{\Delta t\to 0}\frac{(t^3+3t^2\Delta t+3t(\Delta t)^2+(\Delta t)^3)-t^3}{\Delta t}\\
&= \lim_{\Delta t\to 0}\frac{3t^2\Delta t+3t(\Delta t)^2+(\Delta t)^3}{\Delta t}\\
&= \lim_{\Delta t\to 0}(3t^2+3t(\Delta t)+(\Delta t)^3)=\mathbf{3t^2}
\end{aligned}
$$

$$
\begin{aligned}
a &= \lim_{\Delta t\to 0}\frac{v(t+\Delta t)-v(t)}{\Delta t}=\lim_{\Delta t\to 0}\frac{3(t+\Delta t)^2-3t^2}{\Delta t}\\
&=\lim_{\Delta t\to 0}\frac{3(t^2+2t\Delta t+(\Delta t)^2)-3t^2}{\Delta t}\\
&=\lim_{\Delta t\to 0}\frac{6t\Delta t+3(\Delta t)^2}{\Delta t}\\
&=\lim_{\Delta t\to 0}(6t+3(\Delta t))=\mathbf{6t}
\end{aligned}
$$

3.4

$(x+y)^n$은 $(x+y)$의 항을 n개 곱했다는 것을 뜻한다.

$$(x+y)^n = \underbrace{(x+y)\times(x+y)\times\cdots\times(x+y)}_{n\text{개}}$$

이 식의 전개에서 $x^{n-1}y$의 항이 나오기 위해서는 $(x+y)^n$에서 $n-1$개의 x와 하나의 y가 선택된 것이다. 다른 말로 표현하면 $n-1$개의 x와 하나의 y를 나열하는 방법의 수라고 할 수 있다. 이때의 경우의 수는 n이므로 결과적으로 $n-1$개의 검은색 바둑돌과 1개의 흰 바둑돌을 일렬로 나열하는 경우와 일치한다.

$$\underbrace{yxx\cdots x,\ xyx\cdots x,\ xxy\cdots x,\ \cdots,\ xxx\cdots y}_{n\text{개}}$$

4.1

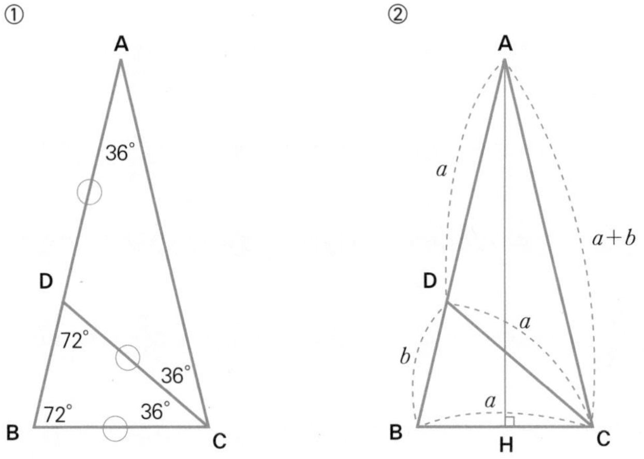

그림 ①을 보면 $\theta=36°$이고 $\phi=72°$이므로 $\triangle ABC$에서

$$\angle ABC = \angle ACB = 72°$$

이다. 또한 $\triangle$CDB 역시

$\angle CBD = \angle CDB = 72^\circ$

이므로 두 삼각형은 닮은꼴의 이등변삼각형이다. 또한

$\angle CAD = \angle ACD = 36^\circ$

이다. 즉, $\triangle$CDA는 이등변삼각형이므로 $\overline{AD} = \overline{CD}$가 된다.

이 결과들로 주어진 삼각형들의 각 변의 관계는 다음과 같다.(그림 ②)

$\overline{AD} = \overline{CD} = \overline{BC},\ \overline{AB} = \overline{AC}$

그림 ②와 같이 각 변의 길이를 잡고, $\triangle$ABC와 $\triangle$CDB는 닮음삼각형이므로 다음의 비례관계가 성립한다.

$\overline{AB} : \overline{BC} = \overline{CD} : \overline{BD},$

$\therefore\ a+b : a = a : b \longrightarrow a^2 = ab + b^2$

이제 위의 식의 양변을 b^2로 나눈 후 $\frac{a}{b} = t$로 치환하여 t의 값을 구한다.

$\left(\frac{a}{b}\right)^2 = \frac{a}{b} + 1 \longrightarrow t^2 - t - 1 = 0$

$\therefore t = \frac{1+\sqrt{5}}{2} (\because t > 0)$

점 A에서 밑변 BC에 수선을 그어 만난 점을 H라 할 때, $\angle ABH = \angle ACH = 72^\circ$이므로 $\triangle$ABH와 $\triangle$ACH는 합동의 삼각형이다.

$\therefore\ \overline{BH} = \overline{CH} = \frac{a}{2}$

이다. 따라서

$$\cos 72^\circ = \frac{\frac{a}{2}}{a+b} = \frac{a}{2(a+b)} = \frac{t}{2(t+1)}$$

$$\therefore\ \mathbf{\cos 72^\circ = \frac{1+\sqrt{5}}{2(3+\sqrt{5})}}$$

4.2

$\sin^2\theta=\frac{1-\cos 2\theta}{2}$의 공식을 활용한다. θ가 15°라고 하면

$$\sin^2 15°=\frac{1-\cos 30°}{2}=\frac{1-\frac{\sqrt{3}}{2}}{2}=\frac{2-\sqrt{3}}{4}$$

$$\therefore\ \sin 15°=\frac{\sqrt{2-\sqrt{3}}}{2}$$

혹은 이중근호를 없애면 다음과 같다.

$$\mathbf{\sin 15°=\frac{\sqrt{6}-\sqrt{2}}{4}}$$

4.3

길이가 a인 철사를 구부려 만든 부채꼴의 호의 길이를 l, 반지름을 r이라 하면

$l+2r=a$ (a는 상수)

$$\begin{aligned}S&=\frac{1}{2}rl=\frac{1}{2}r(a-2r)=-r^2+\frac{1}{2}ar\\&=-\left(r-\frac{a}{4}\right)^2+\frac{a^2}{16}\end{aligned}$$

따라서 $\boldsymbol{r=\frac{a}{4}}$ 일 때, S의 최댓값은 $\frac{a^2}{16}$이며, 이때 $l=a-2r=\frac{a}{2}$이고 중심각 $\theta=\frac{l}{r}=\frac{\frac{a}{2}}{\frac{a}{4}}=\mathbf{2}$이다.

4.4

극댓값과 극솟값을 가지는 점에서의 접선의 기울기는 0이다. 따라서 주어진 함수의 도함수가 0이 되는 x의 값을 구해야 한다.

$$y'=3x^2-6x-9=3(x-3)(x+1)=0$$

$x=3$과 $x=-1$에서 극값을 가진다. 극값은 원래의 함수 $y=x^3-3x^2-9x+6$에 대입하여 구한다. 또한

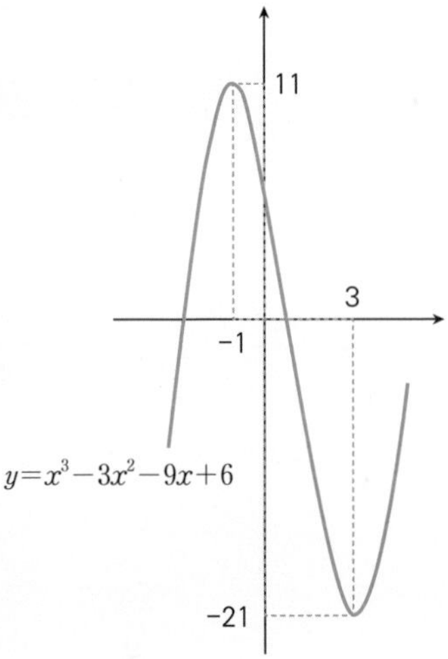

$x<-1$에서　　도함수 $y'=3x^2-6x+9>0$

$-1<x<3$에서　도함수 $y'=3x^2-6x+9<0$

$1<x$에서　　도함수 $y'=3x^2-6x+9>0$

이므로 증가 → 감소 → 증가의 꼴을 취하게 되어 $x=-1$에서 극댓값, $x=3$에서 극솟값을 취한다.

극댓값　$x=-1$;　$(-1)^3-3(-1)^2-9(-1)+6$

$=\mathbf{11}$

극솟값　$x=3$;　$3^3-3\times3^2-9\times3+6=\mathbf{-21}$

5.1

$$\int(x+1)(x+2)\,dx=\int(x^2+3x+2)\,dx=\mathbf{\frac{1}{3}x^3+\frac{3}{2}x^2+2x+c}\text{ (적분상수)}$$

5.2

문제에서 주어진 그림을 참조하면 점 O와 A를 지나는 직선의 방정식은 $y=\frac{1}{3}x$임을 쉽게 알 수 있다. 따라서 $x=0$에서 12까지 정적분을 취하면 구하는 삼각형의 넓이를 구할 수 있다.

$$\int_0^{12}\frac{1}{3}x\,dx=\frac{1}{6}x^2\Big]_0^{12}=\frac{12^2}{6}=\mathbf{24}$$

5.3

x가 a와 c의 사이에 놓여 있을 때 $F(x)$는 a에서 x까지의 정적분이 되므로(그림의 ①) 음의 값을 취한다. x가 c의 지점까지의 정적분은 음의 값이 커지면서 결국 $F(c)=-S_1$이 된다.(그림의 ②) x가 c의 값을 넘어서면 그 이후의 정적분의 값은 양의 값이 되므로 $F(x)$는 값이 증가하여 d지점에 이르러서는 $F(x)=0$이다.(그림

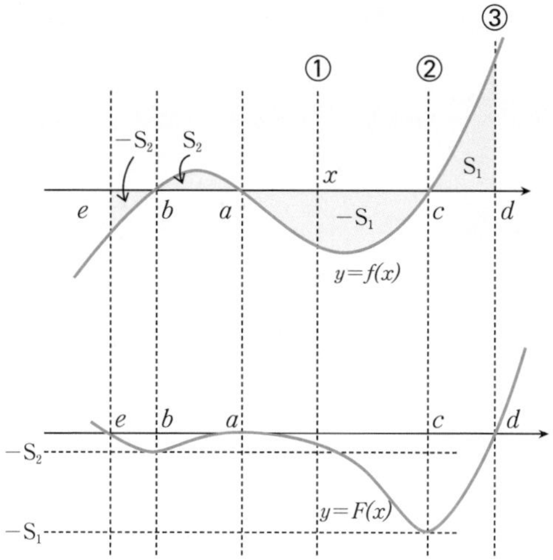

의 ③) x가 d보다 큰 값에서는 $F(x)$는 양의 값을 가진다.

x가 a보다 작을 때 역시 같은 방법으로 그려낼 수 있는데 x가 a보다 작아서 음의 값을 가지게 됨을 조심해야 한다.

5.4

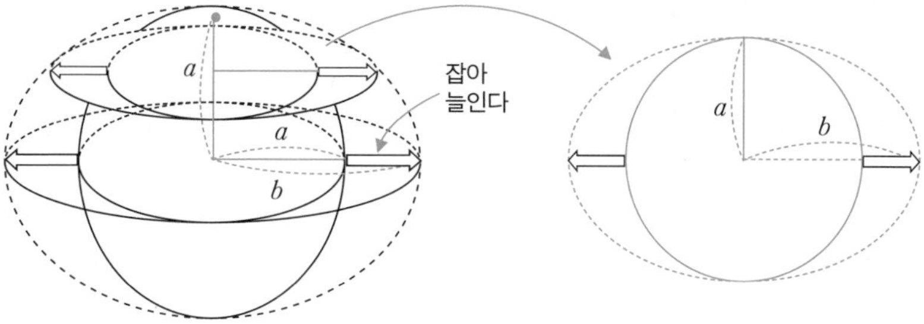

그림 ①과 같이 반지름 a인 공을 양쪽 방향으로 잡아 늘이면 럭비공이 형성된다. 이때 하나의 단면을 보면 그림 2의 ②와 같이 원과 타원이 생기는데 타원의 넓이가 원의 넓이의 $\frac{b}{a}$배가 될 것임은 당연하다. 따라서 럭비공의 부피도 공의 부피($\frac{4}{3}\pi a^3$)

의 $\frac{b}{a}$배가 될 것이므로 럭비공의 부피는 다음과 같다.

$$\mathbf{V}=\frac{4}{3}\pi a^3\times\frac{b}{a}=\frac{4}{3}\pi a^2 b$$

5.5

(1) 접선의 방정식의 기울기는 곡선 위의 점에서의 미분계수이다. $y=x^2$의 도함수는 $y=2x$이므로 (t, t^2)에서 접선의 기울기는 $2t$이다. 따라서 구하는 접선의 방정식은 $y=2tx+b$의 꼴이다. 한편 이 직선은 (t, t^2)을 지나므로

$$t^2=2t\cdot t+b,\ \therefore b=-t^2$$

$$\therefore \mathbf{y=2tx-t^2}$$

(2) 주어진 점은 곡선 밖의 점이다. 이 점을 지나며 곡선 $y=x^2$에 접하는 직선이 곡선과 만나는 점을 (t, t^2)이라 하면 (1)의 결과로부터 직선의 방정식은 $y=2tx-t^2$이다. 또한 직선 $y=2tx-t^2$이 점 $\left(\frac{1}{2}, -2\right)$을 지나므로

$$-2=t-t^2 \text{ 혹은 } t^2-t-2=0$$

$$\therefore t=2,\ -1$$

따라서 구하는 접선은 두 개가 존재하며 방정식은 다음과 같다.

$$y=4x-4,\ y=-2x-1$$

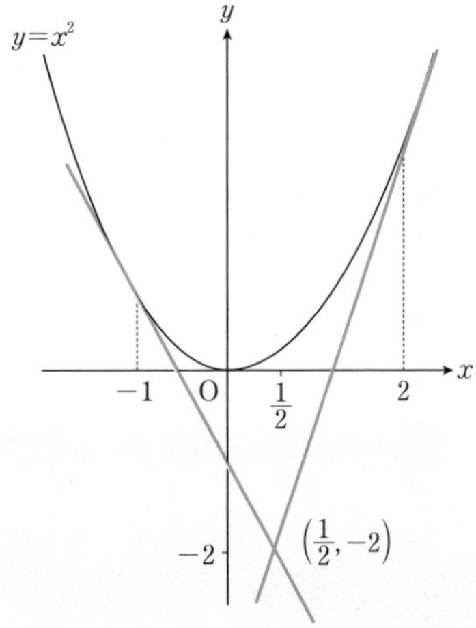

(3) 곡선 $y=x^2$과 위에서 구한 두 직선으로 이뤄진 넓이는 다음과 같다.(그림 참조)

$$\int_{-1}^{\frac{1}{2}}(x^2+2x+1)dx+\int_{\frac{1}{2}}^{1}(x^2-4x+4)dx$$

$$=\left[\frac{1}{3}x^3+x^2+x\right]_{-1}^{\frac{1}{2}}+\left[\frac{1}{3}x^3-2x^2+4x\right]_{\frac{1}{2}}^{2}$$

$$=\left(\frac{1}{24}+\frac{1}{4}+\frac{1}{2}\right)+\frac{1}{3}+\frac{8}{3}-\left(\frac{1}{24}-\frac{1}{2}+2\right)$$

$$=\mathbf{\frac{9}{4}}$$

6.1

$$\frac{d}{dx}\{f(x)g(x)\}=\lim_{\Delta x\to 0}\frac{f(x+\Delta x)g(x+\Delta x)-f(x)g(x)}{\Delta x} \tag{1}$$

이다. 역시 도함수의 정의에 의해

$$\frac{d}{dx}f(x)=\lim_{\Delta x\to 0}\frac{f(x+\Delta x)-f(x)}{\Delta x}, \tag{2}$$

$$\frac{d}{dx}g(x)=\lim_{\Delta x\to 0}\frac{g(x+\Delta x)-g(x)}{\Delta x} \tag{3}$$

이고, 이것을 이용하기 위해 식 (1)의 우변의 분자에 $f(x)g(x+\Delta x)$을 더해주고 빼주면서 다음과 같이 바꿔준다.

$$\begin{aligned}
&\lim_{\Delta x\to 0}\frac{f(x+\Delta x)g(x+\Delta x)-f(x)g(x)}{\Delta x}\\
&=\lim_{\Delta x\to 0}\frac{f(x+\Delta x)g(x+\Delta x)-\boldsymbol{f(x)g(x+\Delta x)}+\boldsymbol{f(x)g(x+\Delta x)}-f(x)g(x)}{\Delta x}\\
&=\lim_{\Delta x\to 0}\frac{\{f(x+\Delta x)-f(x)\}g(x+\Delta x)+f(x)\{g(x+\Delta x)-g(x)\}}{\Delta x}\\
&=\lim_{\Delta x\to 0}\frac{\{f(x+\Delta x)-f(x)\}}{\Delta x}\times g(x)+f(x)\times\lim_{\Delta x\to 0}\frac{\{g(x+\Delta x)-g(x)\}}{\Delta x}
\end{aligned}$$

결국 식 (1)은 식 (2)와 (3)에 의해 다음과 같아진다.

$$\boldsymbol{\frac{d}{dx}\{f(x)g(x)\}=\frac{df(x)}{dx}g(x)+f(x)\frac{dg(x)}{dx}}$$

6.2

(1) $\frac{d}{dx}\{(x-1)^{10}(x^2+2x-1)^5\}$

$$\begin{aligned}
&=\frac{d}{dx}\{(x-1)^{10}\}\times(x^2+2x-1)^5+(x-1)^{10}\times\frac{d}{dx}\{(x^2+2x-1)^5\}\\
&=10(x-1)^9\times(x^2+2x-1)^5+(x-1)^{10}\times5(x^2+2x-1)^4(2x+2)\\
&=10(x-1)^9\times(x^2+2x-1)^4\{(x^2+2x-1)+(x-1)(x+1)\}\\
&=\boldsymbol{20(x-1)^9(x^2+2x-1)^4(x^2+x-1)}
\end{aligned}$$

(2) $\dfrac{d}{dx}\sin^2 x = \mathbf{2\sin x\cos x}$

(3) $\dfrac{d}{dx}\left(\dfrac{\sin x}{x}\right) = \dfrac{(\sin x)'\cdot x - \sin x\cdot(x)'}{x^2} = \boldsymbol{\dfrac{x\cos x - \sin x}{x^2}}$

6.3

(1) $\int x\cos x dx$에서 $u=x$, $dv=\cos x dx$라 하면

$du=dx,\ dv=\cos x dx = d(\sin x)$

이므로 $v=\sin x$이다. 이것을 식 (6.3.3)에 대입하면

$$\int u dv = uv - \int u dv$$

$$\longrightarrow \int x\cos x dx = x\sin x - \int \sin x dx$$

$$\boldsymbol{= x\sin x + \cos x}$$

(2) $\int \sin^2\theta d\theta = \int \dfrac{1-\cos 2\theta}{2} d\theta = \dfrac{1}{2}\int d\theta - \dfrac{1}{2}\int \cos 2\theta d\theta$

$$\boldsymbol{= \frac{\theta}{2} - \frac{\sin 2\theta}{4} + c}$$

6.4

식 (6.4.2)는 4등분된 원의 조각 하나의 넓이에 해당한다. 이 식에서 $\cos^2\theta$를 식 (4.7.7)을 이용해서 바꿔준다.

식 (4.7.7); $\cos^2\theta = \dfrac{1+\cos 2\theta}{2}$

식 (6.4.2);
$$\begin{aligned}\int_0^{\frac{\pi}{2}} a^2\cos^2\theta d\theta &= \frac{a^2}{2}\int_0^{\frac{\pi}{2}}(1+\cos 2\theta)d\theta \\ &= \frac{a^2}{2}\left[\theta + \frac{\sin 2\theta}{2}\right]_0^{\frac{\pi}{2}} \\ &= \frac{a^2}{2}\left\{\left(\frac{\pi}{2} + \frac{\sin\pi}{2}\right) - \left(0 + \frac{\sin 0}{2}\right)\right\} \\ &= \frac{a^2}{4}\pi\end{aligned}$$

따라서 원의 넓이는 $\boldsymbol{4\times\dfrac{a^2}{4}\pi = \pi a^2}$

✚ 찾아보기 ✚